庭院树木养护百科

简单易懂地 讲解庭院树木的培育、修剪、养护、管理知识和技术

（日）采田勋 著
张 桐 译

U0198517

辽宁科学技术出版社
·沈阳·

NIWASHI GA OSHIERU NIWAKI NO TEIRE HYAKKA
Copyright © 2013 NIHONBUNGEISHA
Chinese translation rights in simplified characters arranged with
NIHONBUNGEISHA Co., Ltd.
through Japan UNI Agency, Inc., Tokyo

©2023 辽宁科学技术出版社
著作权合同登记号：第 06-2017-169 号。

图书在版编目（CIP）数据

庭院树木养护百科 ／（日）采田勋著；张桐译．—沈
阳：辽宁科学技术出版社，2023.8
ISBN 978-7-5591-3031-0

Ⅰ．①庭… Ⅱ．①采… ②张… Ⅲ．①庭院—园林树
木—栽培技术 Ⅳ．① S68

中国国家版本馆 CIP 数据核字（2023）第 087676 号

出版发行：辽宁科学技术出版社
　　　　　（地址：沈阳市和平区十一纬路 25 号　邮编：110003）
印 刷 者：辽宁鼎籍数码科技有限公司
经 销 者：各地新华书店
幅面尺寸：145mm×210mm
印　　张：7
字　　数：250 千字
出版时间：2023 年 8 月第 1 版
印刷时间：2023 年 8 月第 1 次印刷
责任编辑：胡嘉思
封面设计：何　萍
版式设计：何　萍
责任校对：韩欣桐

书　　号：ISBN 978-7-5591-3031-0
定　　价：78.00 元

联系电话：024-23284365
邮购热线：024-23284502

种植庭院树木的技术和技巧

▲ 绪论 ▲

　　我们的庭院总会被各种各样的树木或者多彩的花卉所点缀，从清晨到傍晚，这样的景色总是会让我们感觉到轻松，心田得到滋润。这是一件多么美好的事情。

　　对于在快节奏而又高压力的当代社会中生存的人们来说，庭院中的树木以及花卉的四季变化所带来的景色，可以说是清心剂，甚至称其为无可代替的财富也不为过。

　　但是，就算是最昂贵的植被，如果不进行必要的修剪，也将变成一团杂乱无章的景象。将自己喜欢的苗木种植在庭院的一处，很多人的心中都会充满喜悦与期待。但随着时间的流逝，很多人都遇到了"在不知不觉间已经枯萎了""最初满满期待着的花却迟迟不开""其实一朵花也没开"的情况。

　　本书主要介绍苗木应该在什么时期种植，以什么方式种植更有利于其生长。栽培出富有生机的苗木，是否需要整体形状的修整，是否需要枝叶的修剪，在成长过程中如何保持美观的树形，想要每年都能欣赏到自己庭院中的植被开花、结果，究竟需要了解哪些必要的修枝剪叶等有关庭院树木栽培的知识技术。另外，本书还以79种庭院树木为例，将其各自的魅力和栽培技巧以插图的方式进行简单易懂的解说。

　　虽说是庭院树木，但是它们是我们家中的成员，它们的成长过程融入了我们的爱，所以更应该让它们健康茁壮地成长。我们从心里期望能在这方面帮助读者达成此愿。

目
录

第3章 打造精美树形的修剪方法

第4章 79种有人气的庭院树木的修剪、养护、管理方法

短评（小结）

如何培育精美的
庭院树木

使用庭院树木搭配出美观

庭院的技巧

看着我们亲自种植的绿油油的庭院树木健康生长，我们亲手栽植的花卉以及果树开出美丽的花朵，结出丰硕的果实，这是一件多么美好的事情。

因此，了解庭院树木的特性，根据庭院的环境来选择苗木种植的空间，并且考虑植物的配植与周边环境的协调性是十分必要的。

庭 培育良好的庭院树木的 3 个必要条件

培育出精美的庭院树木要满足以下的空间条件才是最理想的。

○ **日照条件较好**庭院空间的日照越好，庭院树木长势就越好，病虫害越少。

植物，靠阳光照射和根部吸收水分，靠叶片中含有的叶绿素进行光合作用，一边储存水分和养分，一边生长。

在这一过程中，当然有不喜欢强日照的树种，但是大部分的庭院树木都会通过良好的阳光照射长出精美的树姿。

○ **颗粒结构的土壤**为了能让庭院树木的树根生长得更好，土壤应该是腐殖质丰富的土壤。也就是说，能适当地保存水分并且透气的土壤，这种土质就叫作颗粒结构的土壤。

缺少透气性的黏壤土，或者有透气性但水分或者肥料的养分容易流失的砂质壤土（两者均为单粒结构）的庭院空间，应当深度堆肥或者使用腐叶土来进行颗粒结构化的土壤改良。

● 客土的深度 ●

客土是指从其他地方混入品质优秀的土壤（山皮土或者大田土），对对象土壤进行改良。客土的深度分别如下

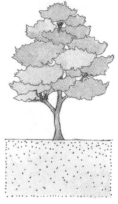

高木（大乔木）：1m　　中木（小乔木）：50cm　　低木（灌木）：30cm　　地被类植物：20cm

● 主景树、配景树、对称树的配植范例 ●

立面图

主景树通常是以根部强壮，给人力量感的常绿树种为主

主景树

配景树

对称树

前植树

前植树

○ **含有肥料养分的土壤** 想让庭院树木长势良好，必须让根部充分地吸取肥料的养分。氮、磷、钾是庭院树木生长的必要养分，特别是容易供给不足的磷。

刚刚更新过的土壤的土质中基本不含有肥料，因此重要的是对土壤进行堆肥或者播撒有机肥料来改良土壤。

平面图

主景树、配景树、对称树，是以不等边三角形的形状进行空间配植，达到与周围环境相协调的效果

主景树

配景树

对称树

前植树

前植树

精美的庭院树木的配植基础

配植视觉效果好的庭院树木的重点是树与树之间的和谐感、景深感较强的空间配植手法。

配景树一般选择与主景树相同或者相近的树种，用以补充主景树的空间。对称树一般应选择与主景树、配景树不同的树种进行配植。比如，主、配景树是松树，对称树最好用槭树，以求空间的变化感和多样性

● 融入趣味性要素的庭院空间 ●

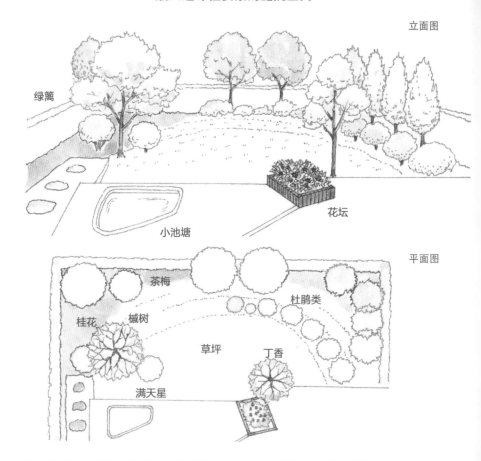

立面图

绿篱

小池塘

花坛

平面图

茶梅

杜鹃类

桂花 槭树

草坪 丁香

满天星

○ **根据不同的主景树、配景树、对称树的空间位置进行配植**这种方法从很久之前就作为庭院树木的配植基础被延续至今。

这种配植方法通常是以7棵、5棵、3棵的奇数形式作为树木组合的骨架，上下、左右、前后，共同进行立体栽植。整体要求体现出各个部分之间的非对称性空间协调感是这种手法的特点。

○ **舒适空间的打造**作为日常生活的地方，一般的家庭庭院，根据不同的庭院树木打造一个舒适的空间是非常重要的。家中的庭院不仅仅是为了种树而种树，作为一个休憩娱乐的小空

间，各种植栽的配植也要用心打理。

尤其是有小孩子的家庭，小孩子需要一个玩沙子、玩泥巴的地方。打造一个有小缓坡的草坪，这样庭院会给空间带来变化，产生动感。

○ **狭小庭院空间打造开放感**在城市中心的庭院多是互相距离很近的，因此空间大多都比较狭小。

所以这必然决定了我们要对庭院周围的绿篱进行修剪，打造一个气氛环境明快的庭院空间。

● 小型庭院中开阔感的设计 ●

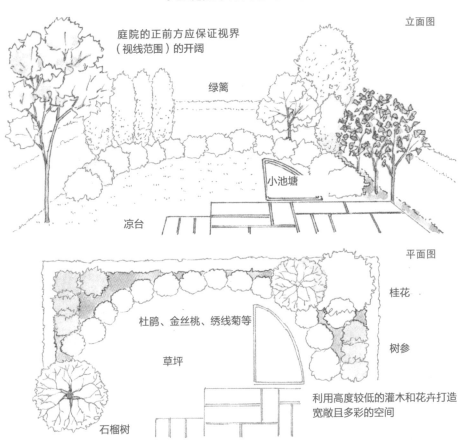

立面图

庭院的正前方应保证视界
（视线范围）的开阔

绿篱

小池塘

凉台

平面图

桂花

杜鹃、金丝桃、绣线菊等

树参

草坪

利用高度较低的灌木和花卉打造
宽敞且多彩的空间

石榴树

　　为此，我们可以使用较低的花木，有舒展感以及色彩多样的植物配植也是一个不错的方法。

　　另外，通过白色石贴面或者较浅的小池塘等人工素材的使用来协调庭院的气氛，打造一个小型生活空间，这一设计方法将会展现出一个在狭小庭院中的明快空间。

 结合植物的特性选择庭院树木的种植场所

　　根据树种的不同，树木本身的特性也多种多样。有只能生长在日照强的地方的树木，也

有必须在阴凉处才能生长的花木，还有对这两种环境条件都需要的苗木。

　　另外，庭院空间中不同的位置的特点也是多种多样的。有一天中都可以照到阳光的地方，也有日照时间较短的地方以及一天都不照射到阳光的角落。

　　种植庭院树木的技巧是，选择适合其生长的环境来培育苗木才能保证将来长出精美的叶姿。

根据庭院树木对光照的喜好程度不同，主要可以分为 4 种类型。

○ **阳性树** 如果没有充分的阳光照射就会渐渐衰弱的树种。例如松树、银杏、桧柏、铁树、冬青、白桦等树种。

○ **中性树** 在日照较弱的条件下也不会影响生长的树种。例如槭树类、香椿、罗汉松等树种。

○ **阴性树** 在没有日照的条件下也会生长的树种。例如荚蒾（珊瑚树）、草珊瑚、马醉木等树种。

○ **极阴树** 必须在日照很弱的阴凉处才能生长的树种。例如青木（东瀛珊瑚）、柊树、小檗、白交金盘等树种。

小 在小型庭院空间里种植较多的常绿树种，空间会变得很暗

在小型庭院空间里，应打造夏季有树荫，冬季阳光能照射进来的空间。在进行种植的时候要考虑到这一点。

为此，一年中枝叶茂密的常绿树和可以体现四季变化的落叶树，在空间中的种植比例是应该注意的一点。

在景深较为宽阔的庭院里，通常要以有气势的常绿树为主，用落叶树来调节空间的氛围，但是如果在较小的空间种植过多的常绿树，只会给人以阴暗的感觉，而且在冬季阳光较少的时候，也会形成一个萧瑟的庭院空间。

一般来说，在庭院空间中常绿树和落叶树的种植比例应是 3：7。如果想增加常绿树的比例，那么在选择树种的时候，与选择阔叶树相比，选择针叶树会让空间在视觉上显得更开阔。

花 在种植花木的时候，一整年都能欣赏到好看花木的技巧

花木整个树冠上开满了美丽的花朵，既能传达四季的变化，又能让我们赏心悦目。

在较为宽阔的庭院空间中，虽说可以种植多种类的花木，但是，在一般情况下，家庭种植的时候，花木的配植要结合植物的开花期或者结果期来进行。春夏秋冬的色彩代表树种在 14 页的表格中已经列举出来，可以选择自己喜欢的树种进行配植。

春		夏		秋		冬	
落叶树	常绿树	落叶树	常绿树	落叶树	常绿树	落叶树	常绿树
梅花树 迎春花 木瓜海棠 木兰 桃 珍珠绣线菊 连翘 丁香 映山红 月季等	山月桂 杜鹃 瑞香 大紫蛱蝶等	绣球 石榴树 金雀儿 日本绣线菊 紫藤 木槿 金丝桃等	夹竹桃 杜鹃 玉兰等	山楂 胡枝子 玫瑰 冬青 楸木等	桂花 山茶花 火棘 草珊瑚 厚皮香等	北美金缕梅 腊梅等	山茶花 朱砂根等

● 在边界附近进行栽植的注意事项 ●

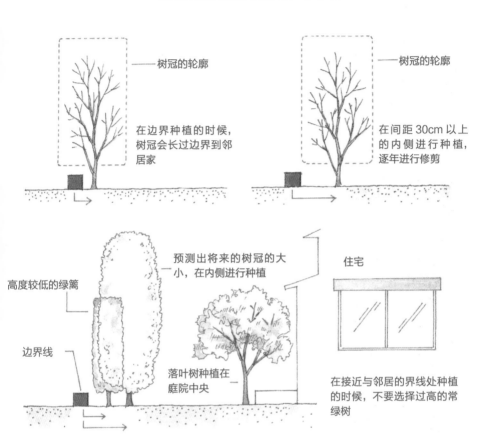

在边界种植的时候，树冠会长过边界到邻居家

树冠的轮廓

树冠的轮廓

在间距30cm以上的内侧进行种植，逐年进行修剪

高度较低的绿篱

预测出将来的树冠的大小，在内侧进行种植

住宅

边界线

落叶树种植在庭院中央

在接近与邻居的界线处种植的时候，不要选择过高的常绿树

邻 在与邻居的交界处配植的时候应注意避免树枝的外扩

在造园的时候，与邻居家的边界经常会用绿篱进行隔离，或者种植树木。但是如果种植的方法不正确，会干扰到邻居，给邻居带来不便。

在种植的时候虽然是小树苗，但是几年以后树木的枝叶开始生长，树叶或者凋谢的花朵都会有很多掉入邻居的庭院里。

为了避免因此而带来的麻烦，选用不会长得很高的常绿树进行空间隔断是一个不错的方法。

在栽植绿篱的时候，应在边界30cm以内的地方进行种植。并且通过每年的修剪以保持枝条不会生长到邻居的院子里，也不会给邻里之间带来麻烦。

庭院树木的修剪和养护工具及使用技巧

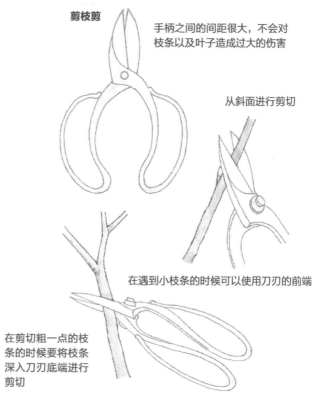

剪枝剪

手柄之间的间距很大，不会对枝条以及叶子造成过大的伤害

从斜面进行剪切

在遇到小枝条的时候可以使用刀刃的前端

在剪切粗一点的枝条的时候要将枝条深入刀刃底端进行剪切

在庭院空间中进行庭院树木的栽植时，不能放任植物自然生长。

在剪枝、修形时使用的剪刀，药剂的喷灌工具，植物移植时使用的工具等物品是庭院树木养护、管理的基础。

小 在修剪小枝条时剪枝剪的使用

枝条剪这个名字可能更贴切，指的是最常见、最普通的剪刀。一般在市场上贩卖的剪枝剪的大小、形状多种多样，可以根据自己的使用习惯以及手掌大小选择适合自己的剪枝剪。

剪枝剪主要是修剪细小的枝条、树叶用的工具。

○ **使用方法**使用的技巧是用拇指握紧一个手柄，其他四指握紧另一个手柄，活动拇指和其他四指并适度加力。

在剪切小枝条或者叶子的时候，可以用刀刃的前端或者刀刃的中端进行修剪，如果遇到略粗的枝条，一定要从刀刃的最底端切入枝条进行剪枝。

如果遇到枝条不能一次性切断的情况，用蛮力会对刀刃造成损伤，因此这个时候要使用修枝剪。

● 各种各样的工具② ●

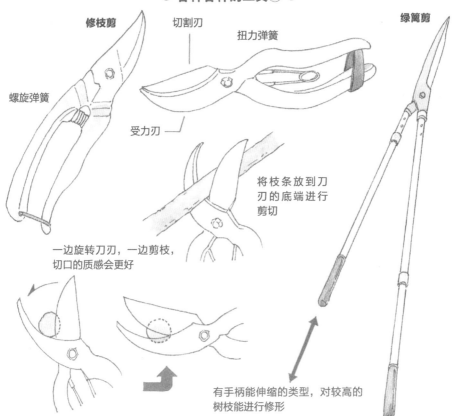

修枝剪　切割刃　扭力弹簧　　　　　　　　绿篱剪

螺旋弹簧

受力刃

将枝条放到刀刃的底端进行剪切

一边旋转刀刃，一边剪枝，切口的质感会更好

有手柄能伸缩的类型，对较高的树枝能进行修形

 在修剪较大枝条时修枝剪的使用

修枝剪作为果树修剪用的工具是从欧洲传入的，在对较粗的枝条进行剪切的时候，其枝条切口平整光滑，因此除了在庭院树木的剪枝上使用之外，还在盆栽的修形等其他方面广泛使用。

在修枝剪的手柄内侧设计有一个弹簧，这样剪刀的刀刃可以通过轻轻旋转来进行剪枝。这个弹簧有两种，螺旋弹簧和扭力弹簧。弹簧的力量越强，在使用时手就越容易疲劳，因此选择修枝剪时，要选择适合自己的。

○ **使用方法** 拇指握紧受力刃（下刃）并贴紧

枝条，其余四指用力紧握切割刃，进行一次性切断。在修剪较粗的枝条时，一边旋转刀刃，一边剪切，这样切口更平整光滑。

在打造人工树形时不可缺少的绿篱剪的使用

绿篱剪是打造绿篱或者球状树等人工树形时不可缺少的整形用剪刀。

绿篱剪刀刃较厚，刃口较长，而且因其手柄部分也较长，所以在使用的时候更为方便，不容易疲劳。要选择适合自己使用的尺寸的绿篱剪。

○ **使用方法** 双手握住手柄的中间部分。

17

● 各种各样的工具③ ●

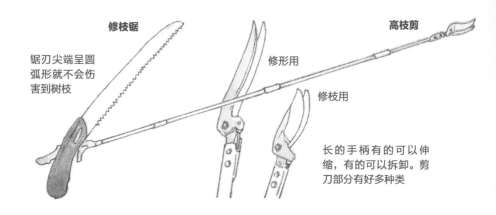

修枝锯

锯刃尖端呈圆
弧形就不会伤
害到树枝

高枝剪

修形用

修枝用

长的手柄有的可以伸
缩,有的可以拆卸。剪
刀部分有好多种类

虽然可以只活动绿篱剪一侧的刀刃进行树枝修形,如果遇到较为柔软的新枝,可以将手柄调整为较短的长度进行作业,以减轻手腕的负担。必须注意的是,在修剪过程中如果改变握剪的部位或者握剪方式,就不能打造出一气呵成的精美造型。

要对枝叶茂盛的树冠进行散球形或者球形修形的时候,可以将刀刃上下翻转,平的一面朝上会更容易进行修形作业。

在对粗枝或者树根修剪时修枝锯的使用

因为是对树木的活体进行修剪,所以平整光滑的剪切口是最重要的。虽然,刃长在45cm 左右的,造型相对简单的修枝锯使用起来较为方便,但是对于一般家用来说,应该选择容易深入枝条之间,锯刃尖端呈圆弧形,单刃的修枝锯。刀刃长度在 25cm 左右的修枝锯已经能满足家用需求并完成修剪。

折叠式修枝锯收纳较为方便,但是因为平时看不到锯刃,所以很难注意锯刃上是否生锈,因此应当尽量避免选择折叠式修枝锯。

○ **使用方法**根据日式的修枝锯刃口的排列,在向近身方向拉的时候用来切断树木。因此,向前方推的时候可以放松手臂。

如果用力向前推,反而容易被锯刃划伤。

在提高透光度时高枝剪的使用

过去,经常是在竹竿的前端固定上修枝剪来进行疏枝作业。后来,在能伸缩的管子的前端安装修枝剪,这样高枝剪就诞生了。

高枝剪的操作是在地面上进行的,因此可以避免高空作业危险,操作更安全。

○ **使用方法**在对松树类进行疏枝作业的时候,不能够进行细部的修剪。操作只能达到在树枝内部空间进行疏枝或者部分剪枝的程度。

梯 **在修剪高枝时高脚梯的使用**

在对较高位置的枝条进行摘芽或者修枝时和对较高的绿篱修形时,所必需的工具就是高脚梯。

● 各种各样的工具④ ●

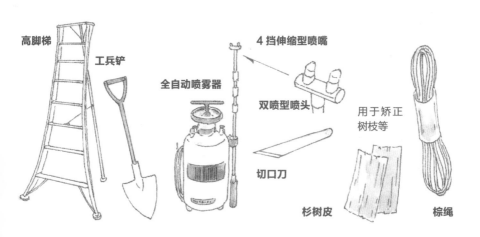

高脚梯

工兵铲

全自动喷雾器

4 挡伸缩型喷嘴

双喷型喷头

用于矫正树枝等

切口刀

杉树皮

棕绳

　　专业的造园师经常使用的是有 3 个支撑点的三脚高脚梯，因为这样的高脚梯更能接近树干进行修枝作业。因此，常见的 4 个支撑点的四脚高脚梯并不太适合庭院树木的修剪、维护。

　　铁制或者铝制的三脚高脚梯在市场上可以买到，家里最好准备一架这样的高脚梯。

铲　在移植或者切根时工兵铲的使用

　　工兵铲是在苗木栽植或者移植的时候必需的工具。

　　在进行挖树穴或者将树木从土里挖出来的操作时，我们需要准备工兵铲。

　　在促进花芽的分化而进行切根操作时，如果使用工兵铲会更好地提高效率。

喷　在喷洒药剂时喷雾器的使用

　　喷雾器是防虫害时所需要的必备工具。尤其是在没有高大树木的普通家庭庭院中，准备一个 5—6L 的药剂喷雾器，即可进行药剂喷洒作业。

　　○ **既方便，安全性又高的全自动喷雾器**喷雾器的喷嘴的种类很多，其中可以调节 4 挡伸缩长度（最长长度 3m）的喷雾器喷嘴，对较高的位置能进行喷药作业，使用起来十分便利。

　　全自动喷雾器可以背在肩上，女性也可以很轻松地进行喷药作业。

切　在对树枝切口修形时切口刀的使用

　　在进行剪枝作业的时候，为了防止细菌侵入枝条的切口，应当尽量将切口削平，这项操作是非常有必要的一个环节。

　　扦插、分株、嫁接等作业是在对苗木进行养护、管理时不可或缺的操作。因此，需要准备一把使用方便的切口刀。

19

肥料的种类和有效的施肥方法

野生的树木可以通过分解自身的落叶补给养分，所以并不需要人工施肥也能够生长得很好。

庭院里的树木，不能够通过自然界来获取养分，并且土壤中仅有的一点肥料会因为雨水的侵入逐渐从土壤中流失。因此，有必要定期进行人工施肥。

肥 培育庭院树木必须进行的三大肥料的追肥

植物的生长所需要的养分有十几种，锰、锌、铜、钼等微量元素已经存在于空气中或者土壤中，因此没有必要特意调整其含量。

重要的是以下被称作三要素的成分。因为，这三要素是植物吸收较多的养分，所以需要通过追肥来进行补充。

○ **氮肥**也被称作"叶肥"，它是植物体内氨基酸的组成部分，是构成蛋白质的成分，也是对植物进行光合作用起决定作用的叶绿素的组成部分。氮肥能让叶子生长得更好，所以对于苗木或者幼木来说是不可缺少的肥料。

○ **磷肥**对于植物的开花或者结果都有很好的促进作用。因此也被称作"果实肥"。

如果磷肥不足，植物的开花会延迟，结出的果实会变得很小。因此，磷肥对花木或者果树来说是非常重要的肥料。

○ **钾肥**也被称作"根肥"，对于植物根系的发育有促进作用，能促进植物的长势，因此能增强植物抵抗病虫的能力和抗寒、抗暑、抗旱能力。

	成分	肥料	肥效	特征
无机肥料	氮	硫酸铵	快	投入过量容易造成植物根系腐烂
		尿素	快	与硫酸铵相比，肥效期较长
	磷	水溶性磷肥	快	溶解于水，和土壤中的铁或者铝相结合
		难溶性磷肥	慢	难溶于水，不容易从土壤里流失
	钾	硫酸钾	快	肥效快，不容易对土壤产生伤害
		氯化钾	快	容易造成土壤酸化，需要注意
	石灰	消石灰	慢	中和土壤的酸性
		碳酸化石灰土	慢	含有氧化镁，更利于制造叶绿素
	复合	化学肥料	慢	三要素调和后的肥料，成分比例多样
有机肥料	—	油渣	慢	含有三要素的肥料，但氮成分较高
	—	鸡粪	慢	氮的成分较高，适合堆肥和混合肥
	—	骨粉	慢	主要含有磷的成分，价格较高
	—	草灰	慢	有钾肥的效果，用于中和土壤
	—	堆肥	慢	提高土壤的透气性、含水性，适合改良土质

● 施肥的方法 ●

施　施肥的5种有效方法

○ **车轮状施肥**这是最常见的施肥方法。目测在树冠中最长的枝条的下面挖掘施肥圈。

○ **车圈状施肥**也被称作"两年车圈状施肥"。每一年要换一次施肥沟的位置。

○ **放射状施肥**对于较粗的根系伤害较小是放射状施肥的主要特点。但是还需要一年更换一次施肥沟的位置。

○ **环状施肥**在树木和树木之间的空间较小的时候使用的施肥方法。

○ **全面施肥**将肥料均匀分布在树冠下的整体土面，而且要在较浅的土层进行肥料散布。

树冠的树梢下左右施肥

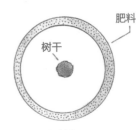

肥料
树干
车轮状施肥

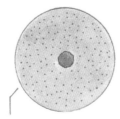

挖坑　　环状施肥

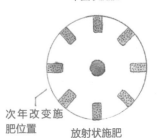

次年施肥点
车圈状施肥

次年改变施肥位置
放射状施肥

较浅地铲土，全面施肥
然后混入肥料

冬　施冬肥让植物的发芽会很好

冬肥是在庭院树木休眠期（主要在1—2月）施的肥料。

冬肥从春季开始就产生肥效，因此让植物在春季发芽有良好的效果，并且能有助于新枝的生长。大多是使用堆肥、鸡粪或者油渣等肥效较慢的有机肥料，在一整年里都能支持植物生长。另外，还能改良土壤，并有提高土壤保湿性的效果。

肥　在花凋谢以后一定要施"礼貌肥"（追肥）

在花谢或果实收获之后施的肥叫作"礼貌肥"（追肥），通常使用的是一些简单的复合肥料。

实施追肥的主要目的是让开花或者结果以后的植物能更好地恢复长势。对于花木或者果树来说是不可缺少的程序。

除此之外，为了提高花芽的饱满度，提高对寒冷的抵抗能力，在9月左右可以试试"秋季肥"，主要是将肥料中的氮的成分稍稍降低，磷的成分或者钾的成分稍稍提高。

预防病虫害的方法

庭院树木，如果在适合其特性的环境中培育，可以预防病虫害的发生。但是，也不能保证完全不会受到病虫害的侵袭。

早 在早期发现病虫害是重点

庭院树木每年都要进行各种必要的养护、管理、施肥、摘芽、修形、疏枝、去残花等主要工作。除此之外，还有一个很重要的作业就是，植物病变以及害虫的早期发现。

○ **切除患病的枝叶**如果枝叶产生病变，应当尽快切除。尤其是针对患病的枝条，应当毫不犹豫地切掉，进行烧毁处理。如果切口过大，可涂抹木焦油或者木蜡等防腐剂，或者使用植物伤口愈合材料进行保护。

○ **去除老旧树皮**梅花树、樱花树、石榴树、柿子树等树种变成老树之后，树皮会有干枯开裂的现象，并且树的木质部分会出现腐蚀现象。在出现腐蚀的部分容易寄生细菌或者害虫，所以一旦出现腐蚀部分，应当用切口刀将其切除，然后涂抹木焦油进行防腐处理。

○ **去除害虫的虫卵**冬季在树枝、打卷的叶子里，或者落叶的下面等地方仔细观察，会发现各种各样的害虫的蛹或者虫卵。一旦发现，不只要将这些虫卵扫落，必须要将它们处理干净。

○ **一旦发现杂草就要去除**很小的杂草丛也会是害虫的隐藏地点，害虫在杂草丛里大量繁殖引发病虫害很常见。因此，要养成一旦发现杂草就要除掉的好习惯。

● 病虫害的防治方法 ●

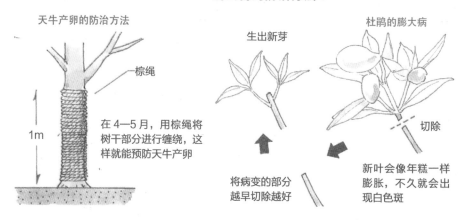

天牛产卵的防治方法

棕绳

1m

在4—5月，用棕绳将树干部分进行缠绕，这样就能预防天牛产卵

生出新芽

将病变的部分越早切除越好

杜鹃的膨大病

切除

新叶会像年糕一样膨胀，不久就会出现白色斑

● 乳剂的稀释方法 ●

剂 **选择适合家庭用的弱毒性杀菌杀虫剂**

杀菌杀虫剂的种类其实很多，对病变以及害虫的效果不一样。要对它们分类进行使用的话是一件非常困难的事情，在一般家庭中，最好准备毒性较弱的产品。

大致需要准备 4 种杀菌杀虫剂。比如，杀菌剂可选择烯酰吗啉可湿性粉剂和代森锰锌可湿性粉剂。杀虫剂可选择杀螟松乳剂和敌百虫乳剂。这些药品在一年里交替喷灌。

①乳剂要用量杯或者注射器进行正确量取

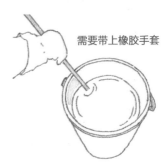

需要带上橡胶手套

③用棒子搅拌，呈现出均匀的乳白色液体状态

②向事先准备好的水中加入乳剂

④倒入农药喷雾器时要注意不要倒洒，溅到外面

阴 **在春季、秋季的阴天进行病虫害的预防和去除**

植物的病虫害，从每年的 3—4 月开始到 9—10 月结束。以预防为主的农用药物喷洒不需要太多次，但是最好要养成每年至少在春季和秋季进行二次定期喷洒的习惯。

农用药物最好要选择在雨后的阴天进行喷洒，如果在上午 10 点左右进行药物喷洒，药物的吸收以及药效会更加持久。

效 **高效地喷洒杀虫剂**

将可湿性粉剂或者乳剂稀释并充分喷灌。如果说明书写明要进行 1000—1500 倍稀释，就要做 1500 倍稀释。然后，在树叶的表面、树叶的下面以及树干或者树枝各处都喷洒上药物。

并且，农用药物的喷洒不应该仅限1次，相隔2—3天再一次喷洒，安全性会更高。

好看的花 如何使植株每年都能开出

庭院的花木如果从不开花的话，就会变得没什么韵味。

为了能欣赏到精美的庭院，要注意以下几点。

○ **叶片生长得结实**花芽的

花 在不开花的时候要解决 3 个问题

形成是在春天就开始生长的新枝上。新枝的叶子受到阳光的照射进行光合作用（叶片下的气孔吸收空气中的二氧化碳，通过日照进行分解，形成碳和水分子，然后化合成碳水化合物），积蓄养分形成花芽。因此，在叶片少且过于柔软的枝条上，或者叶片过多受到病虫害的枝条上，必定不会长出花芽，导致不开花的现象。

● 花芽的生长方式① ●

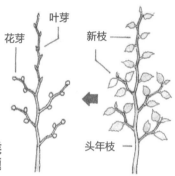

①从头年枝上生长出的短枝上长出花芽，如海棠等

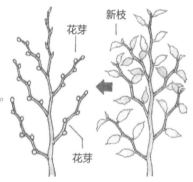

②在新枝的各个叶腋处形成花芽，如梅花、蜡瓣花等

○ **充分地照射阳光**就算叶片生长得很结实，长势很好，如果种植在日照不好的地方，也很难长出花芽。因为碳水化合物的储存量不够充分。

○ **掌握花芽的分化期**根据树种的不同，花芽的形成期不一样。快一点的植被在 6 月上旬至中旬，慢一点的植被在 9 月下旬至 10 月上旬会进行花芽的分化。

当然，如果切除生长了花芽的枝条，植物就不会开花，因此要根据树种的不同掌握每一

树种的花芽形成期，必须在适当的时期进行剪枝。

芽 花芽的生长有 6 种形式

与掌握花芽的分化期相同，重要的是了解花芽在枝条的什么地方，是如何进行生长的。

①在头年枝上长出的短枝的叶腋处形成花芽
②在新枝的各个叶腋处形成花芽
③在长势很茂盛的新枝的顶芽处会形成花芽

● 花芽的生长方式② ●

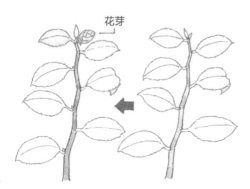

③只在长势茂盛的新枝的顶芽处形成
花芽，如茶梅、映山红等

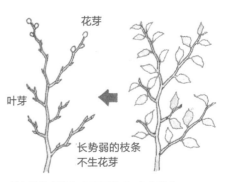

⑤新枝的顶芽和它下面的2—3个芽会
形成花芽

所有的新枝上均已长出花芽

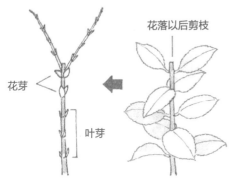

④在新枝的上部2—3个芽会形成花
芽，第二年变成开花枝。如绣球等

⑥在新枝的前端的所有叶腋处都会长出
花芽，如胡枝子、木槿等

④在新枝的上部2—3个芽会形成花芽
⑤新枝的顶芽和它下面的2—3个芽会形成花芽
⑥在新枝的前端部分的各叶腋处都会形成花芽

 让花开得更好的剪枝方法

首先，不要剪除长花芽的枝条。其次，重要的是要根据树种的不同决定剪枝的时期。

比如，梅花树或者桃树，会在新枝的各个叶腋处长出花芽，第二年一定会开花。在这种花芽已经完全形成了的情况下原则上要进行修枝。

另外，杜鹃或者茶梅这种在新枝的顶芽处长出花芽的树种，不可以对新枝进行剪枝，因此在花开之后要马上进行剪枝，然后进行树木的修形。之后，对长出的新枝不要修剪，让树木的长势丰满起来是一个重点。同样，在新枝上长出花芽，同年开花的树种也以同样的方法进行处理。

果实 如何每年都能收获大量的

我们在庭院中种植果树的时候，很期待结出果实，但是有时候有完全不结果的情况。我们来寻找一下果树不结果的原因。

雌 如果不种植雌树，就算开花也不会结果

在树木的世界里，有只开雌花的雌树和只开雄花的雄树，这种情况叫作雌雄异株。在我们身边，青木、银杏、冬青等大多是雌雄异株。也就是如果不种植雌树，就算开花也不会结果。

雌花和雄花在同一棵树上开放的情况称作雌雄同株。代表性的果树有柿子树、三叶木通、柑橘类、石榴树等。

● 雄花和雌花的差异 ●

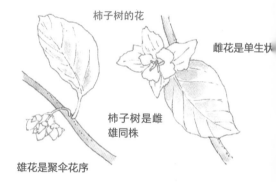

柿子树的花

雌花是单生状

柿子树是雌雄同株

雄花是聚伞花序

两 即便是两性花，也有不结果的时候

雌花、雄花两者都有雌蕊和雄蕊，但是雌花的雄蕊和雄花的雌蕊都已经退化，因此不能独自结出果实。

既有雄蕊又有雌蕊的花朵被称作两性花。

这种两性花，可以分为用自身的花粉结出果实（自我授粉）和自身不能产生花粉结不出果实（非自我授粉）两种情况。

○ **进行人工授粉** 指从出花粉量较多的其他品种的雄蕊用笔尖沾上花粉。

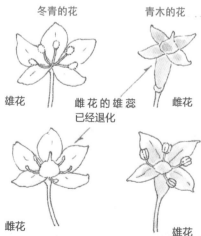

冬青的花

青木的花

雄花

雌花的雄蕊已经退化

雌花

雌花

雄花

为了确保良好的结果率，应灵活使用磷肥和钾肥

在植物的开花或者结果期间，肥料对植物的影响也很大。小苗木或者若龄树木不开花的原因是植物体内氮的成分过大，造成植物内部的营养成分大部分都输送给了枝叶。

因为进入了植物的成熟期，所以开花的植物需要其本身的氮成分减小，而碳水化合物含

有量需要增大。在我们一般家庭里栽种的花木或者果树，在进入植物的成熟期的时候可以人工将碳水化合物的含有量进行增加，也是一种有效的办法。

也就是说，要多灌溉一些以磷肥和钾肥为主的肥料，但是也不要完全不灌溉氮肥，要注意保持植物营养成分的协调，不破坏植物吸收的营养平衡。

● 让树木结果的方法 ●

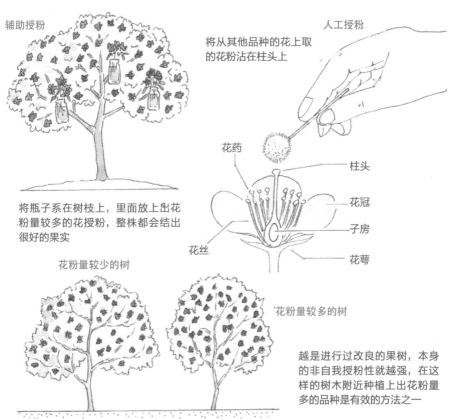

辅助授粉

将瓶子系在树枝上，里面放上出花粉量较多的花授粉，整株都会结出很好的果实

花粉量较少的树

人工授粉

将从其他品种的花上取的花粉沾在柱头上

花药

柱头

花冠

子房

花丝

花萼

花粉量较多的树

越是进行过改良的果树，本身的非自我授粉性就越强，在这样的树木附近种植上出花粉量多的品种是有效的方法之一

主要的花木、果树的花芽分化期和花期

树种	花芽分化期	花期	树种	花芽分化期	花期
绣球	9月中旬至10月上旬	次年6—7月	杜鹃	6月中旬至8月中旬	次年4—5月
马醉木	8月上旬至中旬	次年3—4月	茶梅	6月上旬至7月上旬	次年2—4月
天女玉兰	8月上旬至中旬	次年5月	吊钟花	6月下旬至7月上旬	次年3—4月
齿叶溲疏	9月下旬至11月中旬	次年5—6月	蜡瓣花	7月上旬至8月上旬	次年3—4月
梅花树	7月上旬至中旬	次年2—3月	凌霄	新枝形成	同年8月
冬青	7月下旬至8月上旬	次年5月	胡枝子	新枝形成	同年5—9月
金雀儿	9月下旬至10月中旬	次年4—5月	紫荆树	7月下旬至8月中旬	次年4月
迎春花	7月上旬至中旬	次年4月	北美山茱萸	7月中旬至下旬	次年5月
雪球荚蒾	7月下旬至8月中旬	次年5—6月	桃	7月中旬至下旬	次年4月
海棠	7月中旬至下旬	次年4月	玫瑰	新枝形成	同年5—10月
柿子树	7月中旬至下旬	次年5月	柊树	7月中旬至下旬	同年10月
柑橘	7月中旬至8月上旬	次年5月	楸木	7月中旬至8月上旬	次年4月
夹竹桃	新枝形成	同年7—9月	少花蜡瓣花	7月上旬至中旬	次年3—4月
金丝桃	新枝形成	同年6—7月	火棘	7月下旬至8月上旬	次年5月
栀子树	7月中旬至9月上旬	次年6—7月	紫藤	7月上旬至中旬	次年5月
茱萸	7月中旬至8月上旬	次年4—5月	芙蓉	新枝形成	同年8—10月
绣线菊	10月上旬至中旬	次年4—5月	木瓜海棠	8月中旬至9月上旬	次年2—3月
日本玉兰	6月下旬至7月中旬	次年3月	牡丹	8月上旬至中旬	次年4—5月
樱花树	6月下旬至7月中旬	次年3—4月	卫矛	8月上旬至中旬	次年4—5月
山茶花	6月中旬至7月下旬	同年10—12月	木槿	新枝形成	同年7—9月
紫薇	新枝形成	同年7—9月	桂花	7月中旬至下旬	同年9月
日本绣线菊	新枝形成	同年5—7月	木兰	6月中旬至下旬	次年3—4月
映山红	6月下旬至7月中旬	次年5—6月	棣棠	7月下旬至8月上旬	次年5—6月
车轮梅	7月中旬至8月上旬	次年5月	四照花	7月下旬至8月上旬	次年6月
瑞香	7月中旬至下旬	次年3月	珍珠绣线菊	9月上旬至下旬	次年3—4月
山楂	7月上旬至8月上旬	次年4—5月	丁香	7月中旬至8月上旬	次年4月
广玉兰	8月上旬至中旬	次年5—6月	连翘	8月上旬至下旬	次年3—4月

优良的庭院树木种植方法

虽然是在庭院中种植苗木，但是因为根茎生长不好，苗木发生枯萎就可惜了。对于植物来说，有生根（在原来的根系上长出新的根系）的季节和时期，被称为种植时期。

时 不同的庭院树木有其各自的种植时期

适合植物的种植时期，根据树种的不同会发生改变。

○ **落叶树**从开始落叶的 11 月到次年 3 月之间是合适的种植时期。在这个时期，养分不会从叶子上流失出去，但是会有例外的情况。比如，分布在亚热带和热带地区的石榴树或者木槿，在气温逐渐上升的 4 月中旬种植会比较好。

木瓜海棠或者牡丹等树种在温度较高的时候种植容易造成根肿病或者根结线虫病等根部囊肿的病变，因此在气温较低的 10 月中旬至 11 月上旬种植就可以避免种植失败。

○ **常绿针叶树**一般 3—4 月是常绿针叶树的适宜种植时期，但是如果在温带地区，9—10 月也可以进行常绿针叶树的种植。

除此之外，对于松科来说，为了避免病虫害的发生，最好在 12 月至次年 2 月期间进行种植，会更加安全。

○ **常绿阔叶树**一般来说，常绿阔叶树的抗寒能力都比较弱。因此，常绿阔叶树，最好在春天生长出来的新枝基本已经长结实的 4 月中旬至 5 月上旬种植是最合适的。

如果树高已经 2m，可修剪掉整体的 1/3 左右，这样可以减少养分的流失，防止树木消耗自身的养分。

● **有代表性的阳性树和阴性树** ●

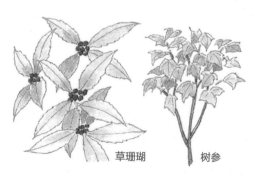

草珊瑚   树参

要种植在一整年都阴凉的地方，其他的阴性树还有青木、八角金盘等

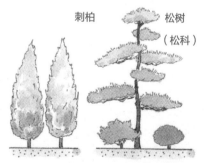

刺柏   松树（松科）

以梅花树、樱花树等花木为代表，银杏以及苏铁（铁树）也是有代表性的阳性树

● 根据植物的特性，选择种植场所 ●

在庭院的中心通常要种树，并且应当考虑树种的多样性

在窗户附近种植一些栀子树、瑞香等灌木，既可以欣赏到绿色景观，又可以闻到植物的花香

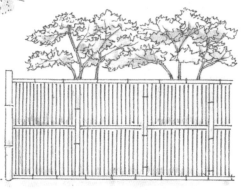

可以选择槭树或柊树等适合在半阴凉环境下生长的树木，作为空间隔断用树，这样更能确保空间的私密性

地 根据庭院树木的树种不同，种植场所也不一样

对于庭院树木来说，之前我们介绍过有喜欢日照的阳性树，在半阴凉环境下生长的中性树，在阴凉环境下生长的阴性树，不能在阳光下或者没有抗日照能力的极阴树。根据这些植物的自身属性，不要弄错适合植物生长的种植地点。

○ **主景树** 在庭院中心种植的主要树种，多是树形较好的常绿树种，比如松树、罗汉松、冬青、厚皮香等较为适合。另外，如果是开花性苗木，

可以作为庭院树木或者遮阴树来欣赏，会更有趣味性。

○ **居住房屋的近处** 梅花树、瑞香、栀子树、丁香等开花性植物的种植，可以让我们从窗口欣赏到窗外植物的色彩。另外，作为午后西晒的遮阳植物，槭树类、竹子类植物也是不错的选择。

○ **阴凉环境中的色彩亮点** 可以使用青木、柊树、八角金盘等在阴凉环境中能生长很好的绿色植物进行配植。作为与外界环境的视线遮挡，同时也会起到保护隐私的作用。

庭院树木 劣质苗木难以长成精美的

就像十人十色所表达的爱好、性格、思想各不相同，不同的苗木也不尽相同。在选购的时候尽量购买一些优质的苗木，这才是培育精美的庭院树木的第一步。

优 优质苗木的鉴别

○ **表层土壤的状态**在花盆里种植苗木，要确认花盆里土壤有没有长苔藓、有没有长草等，确认好土壤的状态。如果生长了苔藓或者草，说明苗木经过了足够的生长期，根系已经生长完全。试着摇晃一下树干，避免苗木是临时栽种的。

○ **下分枝的位置要低**最下方生长的枝条在树干的位置越低，苗木长势就越好。

○ **树皮上没有伤疤**苗木具有质地光滑的树皮是很重要的。表面有伤疤或者树瘤，大多是受到了病害或者虫害。

○ **树叶的颜色和光泽**要选择叶子长势茂盛而且有光泽的苗木。芽间距（芽和芽之间的间隔）过大或者叶子的形态扭曲变形的苗木质量不好。

○ **选择树干的根茎部分不弯曲的苗木**即使苗木的主根（根系中的最粗的根）长得很粗，也要避免选择根茎部分弯曲的苗木。

苗 优质苗木的购买

一般来说，人们在商场的园艺贩卖角或者家附近的园艺商店购买。但是最好的选择是尽量去树种或者品种丰富的苗木生产基地购买苗木产品。

● **苗木的鉴别** ●

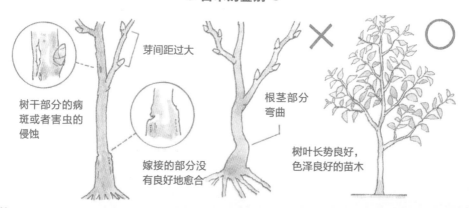

树干部分的病斑或者害虫的侵蚀

芽间距过大

根茎部分弯曲

嫁接的部分没有良好地愈合

树叶长势良好，色泽良好的苗木

花木购买时的注意点

○ **确定苗木的栽培环境** 要根据不同的环境条件选定不同的花木。如果是家居环境,且有全日照或半日照,可选择五彩缤纷的草花或绯红墨绿的木本植物栽植;若是日照时间较短或只有间接光照在室内,就应选择耐阴植物;种在水边的,应选择耐水湿植物;种在旱地或浇水不便地点的,应选择较耐旱且体态强健的植物。

○ **了解花木的生长习性** 在选择花木的时候,我们需要考虑它们的生长习性以及生长周期。配合生育期的花木会生长得更好,但如果不能配合生育期,不仅生长缓慢且易导致生育停顿或死亡。

○ **观察苗木的质量** 选购到好的苗木,可以帮助幼苗后期更好成活。优良的苗株,叶色浓密碧绿,枝条苗壮,分枝良好。如果叶色浅淡而枝条细长,多数由管理不良或栽植太密造成,此类苗木在栽植后不仅不发旺,还容易失败。

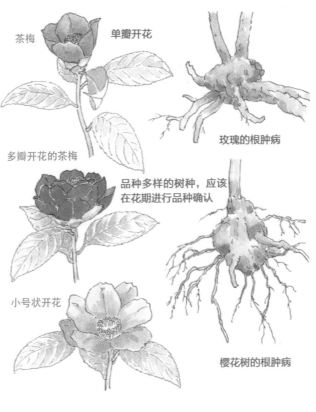

茶梅

单瓣开花

多瓣开花的茶梅

品种多样的树种,应该在花期进行品种确认

小号状开花

玫瑰的根肿病

樱花树的根肿病

最后,在购买苗木时不要图快,一定要多观察。一般来说,带土球的苗木质量稳定,根系损伤轻,应尽量购买这种。但市场上有些苗木的土球是花农伪造的,所以可以提起苗木轻轻抖动,如果土球轻易全部脱落,就是伪造的土球,这一类的花卉苗木就坚决不能购买。

花 按照花木的开花期进行选择就不会失败

木瓜海棠或者牡丹等容易患根肿病的花木在植物的落叶期进行购买,对于今后花木防治病虫害是比较有益的。对于其他的花木来说,

则推荐在开花期对花卉的花色、花形以及品种进行确认之后进行购买。尤其是茶梅、西洋杜鹃、木槿这类品种繁多的花卉,如果购买以后开出的花朵与我们期望的花朵不符合,会带来很大的失落感。

另外,果树的选择也是一样的,在不开花的时候,雌树和雄树仅仅从外观上是很难分辨出来的。比如,原本想要买的是甜柿,经过3—4年的生长结出来的果实却是涩柿。

当然,如果是没有看到品种标签的花木、果树,我们最好尽量避免选择不知名的品种。

苗木种植的5个技巧

● 苗木种植的注意点 ●

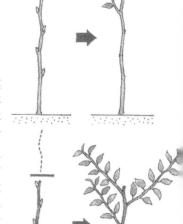

没有枝条的落叶树，如果保持原状进行种植的话，生长的枝条也很弱小

对于一般家庭来说，在庭院里种植苗木的时候，不需要特意去对土质进行改良，只要挖好树穴直接进行种植。在雨水丰富的日本，土壤以酸性土壤为主。因此，玫瑰或者橡树（栎树）等抗酸性弱的苗木在种植的时候，建议往土壤中掺入一些石灰来调节酸碱度。在 $1m^2$ 土壤面积上，将 6g 左右的石灰混入 10—15cm 深的土层。

切掉 1/3 后种植，新枝会长得很快，也会长得很粗壮

 带土球的苗木，要对土球的土质进行仔细分辨

早期大多使用草绳来包裹苗木的土球，因此土球的土壤很容易进行分辨，现在多用塑料布包裹土球，因此比较难知道培育苗木所使用土壤的性质。必须打开苗木的包装，对土球的土质进行分辨。如果是黏性土质，要将根系轻轻散开之后进行种植。如果土球的土质和庭院本身的土质比较相似，可以不破坏土球，保持原状进行种植。

当然也有例外，松树类的苗木在根部经常会附带着白色的共生菌，不要破坏土球，一定要保持原状进行种植。

常 常绿阔叶树的苗木，应在剪枝后进行种植

高度将近 2m 的常绿阔叶树，种植的技巧是要将枝叶的一半或者 1/3 左右剪除。因为，叶子越大，养分的消耗也就越大，会使得苗木在新根长出来之前生命力变弱，所以要进行修剪。

● 苗木种植时的注意点 ●

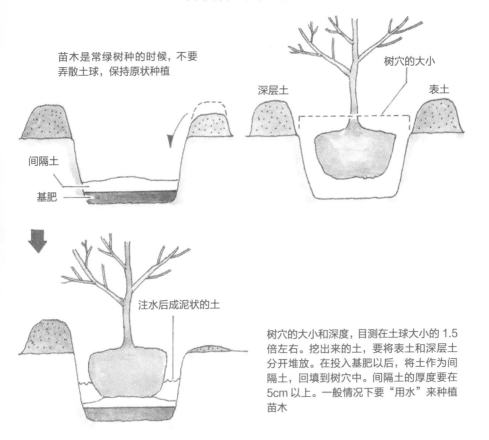

苗木是常绿树种的时候，不要弄散土球，保持原状种植

树穴的大小

深层土

表土

间隔土

基肥

注水后成泥状的土

树穴的大小和深度，目测在土球大小的 1.5 倍左右。挖出来的土，要将表土和深层土分开堆放。在投入基肥以后，将土作为间隔土，回填到树穴中。间隔土的厚度要在 5cm 以上。一般情况下要"用水"来种植苗木

对于落叶树来说，要将树干的 1/3 剪除，这样就会生长出生命力强的新枝。

 树穴的挖掘方法和基肥的施肥方法

苗木种植树穴的大小要比苗木土球的大小稍大。以树的直径约是土球的 1.5 倍进行挖掘作业。

在挖树穴的土壤时，要将表土和深层土分开放置，当种植苗木的时候，先回填表土，这是防止病虫害的有效技巧之一。

○ **基肥要选择肥效显效较慢的肥料** 在树穴的底部铺上基肥的主要目的是让植物的根系能尽快生根以及促进后期植物的生长，所以在肥料的选择上，选择肥效显效较慢的肥料较为适合。

 苗木也有正面

苗木的枝条里有将来成为主干的枝条，能够准确地预测枝叶的长势，然后进行种植是很重要的。

35

◉ 种植的深度 ◉

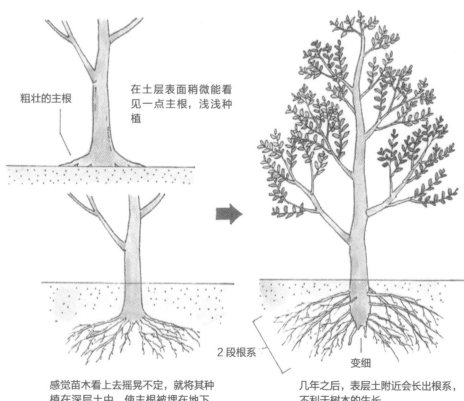

粗壮的主根

在土层表面稍微能看见一点主根，浅浅种植

2段根系

变细

感觉苗木看上去摇晃不定，就将其种植在深层土中，使主根被埋在地下。这样苗木就会像木头一样直立，最后会形成很不自然的树形

几年之后，表层土附近会长出根系，不利于树木的生长

另外，松树或者梅花树等给人的感官、树木的韵味受到树干的干形、样式影响，在种植的时候要更加用心和仔细。

深 种植深度过深，将导致根系发育不好

小的苗木也有高度近 2m 的情况，在种植的时候，将主根（力根）刚刚好能被土壤覆盖住，仅浅浅地种植在土壤中，根系若隐若现的

程度即可。

苗木种植过深还会导致 2—3 年在表层土的附近重新生根，形成 2 段根系的状态。

●"用水"和"用土"●

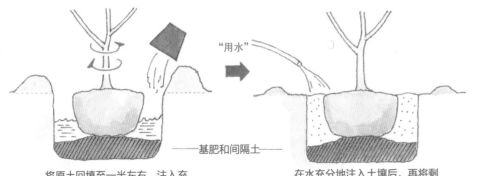

基肥和间隔土

将原土回填至一半左右，注入充足的水量，让土壤成为泥浆状，然后摇晃苗木

在水充分地注入土壤后，再将剩余的土回填，然后再次浇水

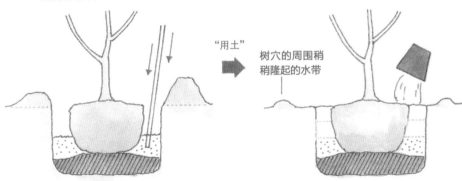

"用土"

树穴的周围稍稍隆起的水带

将土回填之后，用较粗的棍子压实土壤，并注意在根系之间也要填充土壤

将土分为3次充分回填的同时，注意压实土壤，最后进行浇水

水 如何有效地"用水"

将植入树穴的树木结实固定的方法有"用水"和"用土"，最近常见的方法是"用水"。

"用水"主要是指，在树穴中将原土回填至一半左右之后，加入充足的水分让原土变成泥浆状，将树穴中的苗木前后左右摇晃，同时让苗木本身的土球充分地吸收水分的方法。当苗木的土球充分吸收水分之后，将剩余的原土回填至树穴中，然后轻轻踩实，继续浇灌足够的水，这样打造一个苗木根系的水球。

松树类等喜好干燥的树种，或者玉兰、木兰等根系较细的树种，杜鹃、映山红等须根较多的树种，使用"用水"种植，容易导致覆盖土壤收缩，因此使用"用土"种植之后在表面浇灌充足的表层水。

庭院树木在移植时的注意事项

在对庭院中已经种植好的树木进行移植的时候，无论怎么小心地进行作业，也会切到树木的根系，会影响树木的生长。因此有很多注意事项。

移 应在树木的适宜期进行移植

○ **落叶树**落叶树的适宜期是 11 月下旬到次年 2 月之间。因为枝条上还没有叶子，不会产生蒸腾作用，进行移植会减少对树木的伤害。

○ **常绿树**即使叶子茂密，在气温低的时候进行作业，蒸腾作用的效果也很小，这样对树木的伤害也会小。但是，常绿树的根系活动比落叶树要晚，因此在根系开始活动前的 3 月上旬进行移植就会避免失败。

或者，气温高的 6 月下旬至 7 月上旬也是树木移植的适宜期。

🌀 对若龄树木进行去根 🌀

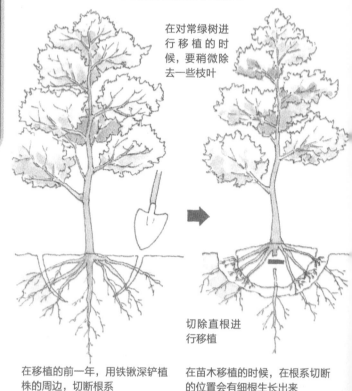

在对常绿树进行移植的时候，要稍微除去一些枝叶

切除直根进行移植

在移植的前一年，用铁锹深铲植株的周边，切断根系

在苗木移植的时候，在根系切断的位置会有细根生长出来

在落叶后进行移植

　　4—5年生的若龄树木本身以及树根的长势都不是很结实，因此在落叶期移植，根系能够很快生长。在移植前一年的2月左右，用铁锹铲入枝下范围内的深层土，让根系长出细根后再进行移植会比较安全。

 大树在移植前必须要进行增根

　　已经长成的成年树或者古树，在地下生长的根系已经很长，因此需要切断的根的数量会很多。能进行养分吸收作用的树根尖被切除，这样就会造成树木的成活率极度下滑。

　　在这种情况下，当进行移植的时候，必须要提前2—3年进行增根。增根也就是当树木被挖出来的时候，尽量让土球中含有较多的细根，减少移植对树根造成损害的一种方法。另外，挖出来的树木在栽植时的手法与其他苗木的种植法相同。

● **增根操作的重点** ●

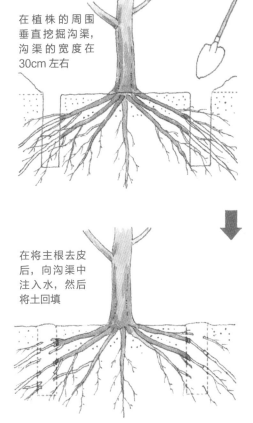

在植株的周围垂直挖掘沟渠，沟渠的宽度在30cm左右

在将主根去皮后，向沟渠中注入水，然后将土回填

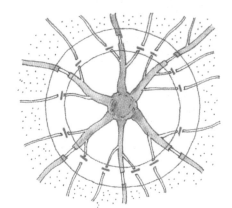

将主根以外的根系切断

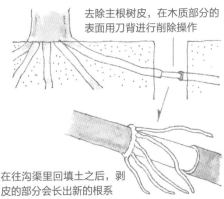

去除主根树皮，在木质部分的表面用刀背进行削除操作

在往沟渠里回填土之后，剥皮的部分会长出新的根系

树木种植后的管理、养护

种植非常小的树苗，虽然没有必要对树干进行固定，但是2m以上的庭院树木因为土球容易松散，有时候会被大风吹倒。因此，为了能让苗木的根系更好地生长，急需用支柱进行树干的固定。

撑 种植后容易摇晃的树在移植时一定要进行支撑

○ **单支撑**苗木或高度在1m左右的若龄树使用的支撑方法。在植株的根部附近，用1根较细的竹竿尽量深地插进土层，在树干的1—2处用棕绳（塑料绳子也可以）进行固定。将需要固定的部分和树木的外层包裹上杉树皮，这样就不会对树木造成伤害。

如果苗木不是很高，也可以使用上述方法。用细竹竿以30°左右的角度插入地面进行苗木固定。这种方法通常叫作扶树。

○ **三支撑**也被称作"三脚支撑"，使用粗细在3—4cm的木棒从3个方向对树干进行支撑固定。在操作的时候，一定要用杉树皮将树干表面与支撑接触固定的部分保护起来。

○ **扁担式支撑（门字支撑）**是行道树等绿化用树常见的支撑方法，是对狭小的空间中较高的树木进行固定的一个较方便的方法。

干 移植后容易干燥（缺水），应对庭院树木进行护干和护土

刚刚种植的庭院树木，受到强烈的阳光、冬天的低温强风等自然条件的影响，会出现缺水干燥的状况。因此就要对树木进行"树干"的保护性作业。

另外，如果是土壤比较容易干燥的环境，要在根茎的周围铺上一层稻草、树叶或者罩上塑料布等必要的地膜覆盖。并且，这样还能防止和避免温度骤然变化对树木造成不利影响。

如果树木长势变弱，应喷洒"叶肥"

如果不进行增根就直接进行移植，虽然树木在1—2年还没有枯萎，仍然继续生长，但是大多数的树木在长势上会减弱，有时候连花也不开。树木为了繁衍后代才会开花，这种树木不开花的生理现象被称作"干枯花"。

如何想恢复树木的长势。将所有处在花蕾期的花朵全部摘除，试着对整株树木喷洒"叶肥"。这种肥料对树木的根系不会造成负担，并且能促进枝条新芽的生长。

● 支撑的搭接方法 ●

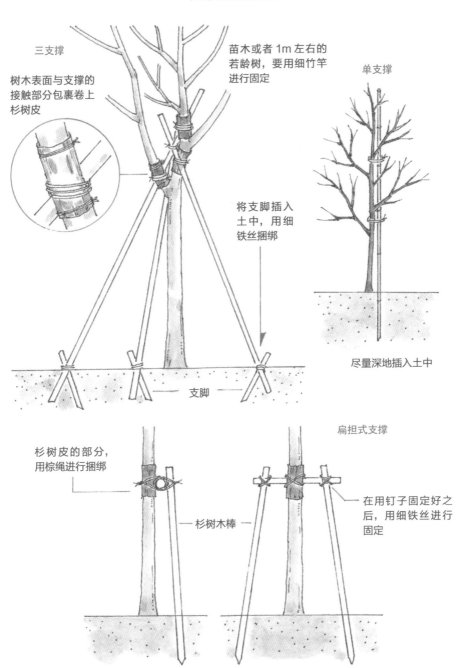

三支撑

树木表面与支撑的
接触部分包裹卷上
杉树皮

苗木或者 1m 左右的
若龄树，要用细竹竿
进行固定

单支撑

将支脚插入
土中，用细
铁丝捆绑

支脚

尽量深地插入土中

扁担式支撑

杉树皮的部分，
用棕绳进行捆绑

杉树木棒

在用钉子固定好之
后，用细铁丝进行
固定

种植庭院树木的土壤的改良方法

○ **辨别土壤湿度是否合适** 树木生长的土壤中水分条件越适宜，树木的长势就越好。如果轻轻地将土壤用手握一下，就可以简单地掌握土壤的湿度。湿度适宜的土壤握在手里感觉会稍微有一点潮湿，用手指尖捏一下，土壤就会散开。如果用手握一下，土壤成为一个球不散开，说明土壤处于水分过多的状态；相反，如果土壤很松散，则说明土壤中的水分不足。

○ **土壤水分不足的改良** 在土壤深度20—30cm位置混入有机肥料（堆肥、落叶、腐叶土、鸡粪土等），可以将土质改良成颗粒结构的土壤。

○ **土壤水分过多的改良** 虽然在堆垄的土壤上进行庭院树木的垄上种植很重要，但是确保土壤排水的良好性也很关键。为此，可以打造土层中的排水渠，在渠中铺上"珍珠岩"，一种类似于浮石的人工石头。可以将"珍珠岩"铺在排水渠底部，然后将土壤回填，就可以确保土壤的排水性。

○ **土壤中需要必要的氧气** 如果想让庭院树木良好繁殖、发育，土壤中的氧气保持在20%左右是比较理想的。在降雨的时候可以将颗粒结构的土壤中陈旧或者老化成分沉淀到下层结构空间，同时又能导入新的水分和氧气，通过这一流程就能够促进植物根系的生长和发育。

也就是说，同样的施肥频率，哪一种肥料能够溶于水后迅速被植物根系吸收，作为植物最初生长的养分提供给枝叶？相比之下，颗粒结构的土壤的施肥效果会更好，而单粒结构的砂质壤土或者黏壤土的施肥效果则较弱。

○ **掌握土壤的酸碱度** 对于年降雨量较多的日本来说，土壤中碱的流失很多，大多数的土壤是酸性土壤。

虽然树木不会受到很大的影响，但是花坛中的花草和蔬菜对土壤的要求各不相同。玫瑰或者桂花等在弱碱性土壤环境中长势好的花木，种植时最好对庭院中的土壤进行酸碱度的测试。

方法很简单，将沸水凉凉后喷洒在庭院土壤上，使其湿润，然后将石蕊试纸埋入土中。如果试纸马上变红，说明土壤酸性很强；20—30分钟变色的话，说明是弱酸性土壤；如果是中性或者碱性土壤，试纸则不会发生明显变化。

如果是强酸性土壤，可以在每平方米土壤中加入90mL左右的石灰或者氧化镁。

第3章

打造精美树形的
修剪方法

庭院树木的修剪目的

在有限的庭院空间中种植庭院树木，并且对树木修形、剪枝的养护管理工作是非常重要的。修形、剪枝并不是简单地剪去枝条，而是有目的的操作。

庭 促进庭院树木正常生长

在庭院树木的生长期里，不止会有影响树形的树枝长出来；树枝之间互相重叠、拥挤也会对树木造成创伤；枝叶的生长过于茂盛会影响光线的透入，还会让空间的通风性变得很差。为了能让树枝正常生长，对树枝的修剪是必不可少的。

树 保持精美的树形

对于庭院树木的修剪，根据树种的不同可以打造自然形、人工形等形态。人们可以根据自己的需求进行修剪。

如果不进行定期养护管理，放任树木自行生长，树形就会变得凌乱，并且会影响周围庭院树木的生长，同时庭院空间和建筑空间的协调感也会消失。

养护管理较好的庭院树木，不但在视觉上很美，而且树木的长势会给人生机勃勃的感觉。

好 创建自己喜好的树形

可以打造多种多样的人工形的树形，如圆筒形、圆锥形、阶梯形、散球形等。为了能保持修剪后的树木形态，平时就要进行细致的养护管理。人工形的树形只要稍微有一点凌乱，在视觉上就会很难看。因此在树木形态的修剪上，人工形的树形要比自然形的树形更为重要。

● 人工形修剪 ●

人工形的庭院树木，如果放任其生长，树形就会变得很凌乱

为了保持精美的树形，平时就不能缺少养护管理

从树冠上会再次长出小枝条，因此需要重复地进行修剪

剪枝的目的

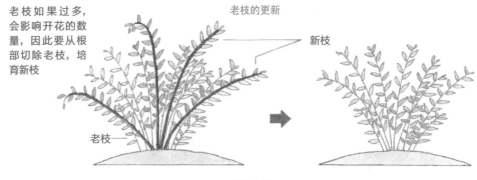

老枝的更新

老枝如果过多，会影响开花的数量，因此要从根部切除老枝，培育新枝

新枝

老枝

疏枝修剪

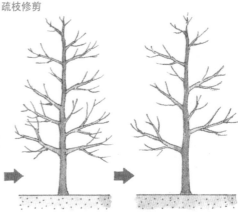

修剪前的树形（树木下部的枝条容易枯萎）

对枯枝或者小枝进行剪枝（轻度修剪）

对分支以下的枝条进行疏枝修剪（重度修剪）

整理主枝，打造树冠的形状（重度疏枝）

 让老化了的树枝复幼

树枝每年都会老化，树上开花的数量会逐年减少。尤其是丛生的树种，去除老枝、促进新枝生长的养护管理是非常重要的。

另外，在枝头上进行花芽分化的花木，每年花芽会随着枝条的生长越来越向上方分化，因此必须要进行适当剪枝。

 预防枯萎和病虫害

山野间的野生树木，随着树木上部枝条的生长，下部的枝条就会渐渐地干枯，这一现象会不断重复，与此同时，在这一过程中树形就会自行进行调整。对于庭院树木来说，在某种程度上已经限制了树木的高度。

在这种情况下，为了保护树木下部的枝条，就有必要对树木上部长势过密的枝条进行疏枝修剪，以便控制树木的长势。这样的操作会让树冠中间透入光以及增强通风性，并且对病虫害的发生会起到预防的效果。

不同季节的修剪目的

根据树种的不同，对树木进行的修形、剪枝的时期也各不相同。下面对庭院树木四季的必要修枝以及修剪的基本方法等进行介绍。

 ### 对于落叶树不可缺少的冬季修枝

在冬季休眠期，树木的树液基本上不流动，因此即便是切除较粗的树枝，也不会对树木的生长产生影响。尤其是落叶树，在枝条上已经没有树叶，能够看清楚每一根枝条，这样就可以更加方便地进行修枝和调整树形。

在落叶树中，槭树科枫树类或者在早春开花的梅花、腊梅等要在年底进行修枝，紫薇或者石榴树等要在 4 月上旬进行修枝。

针叶树在发芽时要进行春季修枝

春季是针叶树剪枝的适宜期，可以在老化的叶子掉落之后、新芽发芽之前修剪树形。

但是，松树类要在新芽长出来之后进行摘芽的操作。

一定不能忽略的是茶梅、瑞香、杜鹃等在春季开花的花木，当花期过后一定要尽早进行修枝作业。

● 冬季、春季的修剪 ●

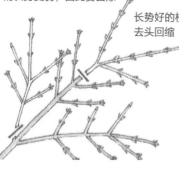

槭树科枫树类

上侧枝的生长会让其他枝条的长势变弱，因此要去除

长势好的枝条，要去头回缩

新枝

二年生枝

杜鹃类要在花谢以后进行修剪

杜鹃类

如果不想让树木长得过高，可以对二年生枝进行修剪

对常绿阔叶树的树形进行夏季修枝

对于在低温、干燥的环境下生长的橡树、桂花、冬青、杨梅等，从初夏开始进行修剪，就不会引起枝条枯萎。

冬季修枝的落叶树，春季新枝良好的长势会造成树形变乱，但是这个时期是大多数的花木的花芽形成、树木长势形成的储备时期，因此禁止对枝条进行修剪。

在树枝过高（徒长）时进行短缩修剪的秋季修枝

秋季庭院树木的生长渐渐停止，如果在这个时期进行剪枝作业，叶片数量的减少会对树木的养分储存造成负面的影响。

但是，生长较快的落叶树会有不协调的侧枝长出，可以适当对过于影响树形美观、造成树形凌乱的侧枝进行轻度修剪。

对于在 11 月落叶，进入休眠期较早的树种可以参考和冬季修枝相同的方法进行树木的养护管理。

● **常绿树的修剪位置** ●

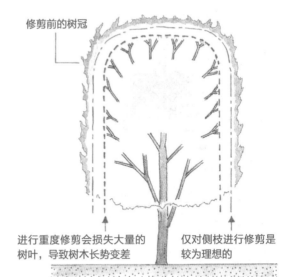

修剪前的树冠

进行重度修剪会损失大量的树叶，导致树木长势变差

仅对侧枝进行修剪是较为理想的

修剪后的树冠

每年对常绿树进行树形的修剪是保持精美树形的一个技巧。5—6 年放任其自然生长后再进行重度修剪的话，树木长势的恢复需要花费 2—3 年

47

修整树形时不可缺少的忌枝知识

忌枝是指外观形态不自然，破坏了整体树形美观的枝条。在麻烦枝的种类里也有影响枝条正常生长的忌枝。

忌 多种形态的忌枝

○ **闪枝**从主干的同一位置左右两侧长出的枝条，也叫对生枝。因为它是从主干的左右两侧生长出来的，其形态较为自然，所以只需切除一侧的枝条即可。

○ **车轮枝（轮生枝）**从同一个位置生长出 3 根以上枝条，在松树类或者杜鹃类的枝干上经常看到。如果是较高大的树木，可以保留 1 根枝条，如果是低矮的树木，可以保留 2—3 根枝条，以此进行树形修整。

○ **交叉枝**在正常枝条周边以缠绕着的形状生长的枝条，也称作缠绕枝。这种枝条的视觉观感很不好，因此需要将其进行整体切除或者在枝条分叉的部分进行相应的修剪。

○ **逆向枝**树木的枝条原本是从树木的主干向外侧延展生长的，但逆向枝是朝着相反的方向生长的枝条。因其形态很不自然，应及时修剪。逆向枝也被称作逆行枝。

○ **重叠枝**在同主干相距很近的位置，同一个方向上下重叠长出的枝条，在这种情况下，要看好上下枝条的间距，修剪掉其中 1 根枝条。

庭 影响庭院树木生长的忌枝

○ **直立枝**形态是直立向上生长的。这样的枝条会吸收其他枝条的养分，让其他的枝条长势减弱，因此应将其修剪掉。

○ **切干枝**从主干上直接长出的树枝也被称作干生枝。其没有生长性，最后会枯萎，会留下驼峰状的隆起，因此要将其修剪掉。

○ **腹枝**与切干枝类似，从树冠内的枝干上长出的枝条。它的生长会妨碍阳光照射以及通风性，因此要从底部将其修剪掉。

○ **突枝**在树冠外长势很突兀的枝条，是徒长枝的一种。因其会干扰其他枝条的长势，应从枝条的底部切除，或者在分枝的部分修剪。

○ **根枝**也叫作分蘖，在树干根系附近的地表很突兀地长出的细枝。通常树木出现这种情况较多。当用银杏树或者石榴树等打造树木丛生效果的时候，要在根枝很小的时候将其修剪掉。

○ **抹芽、潜伏芽、萌蘖枝**针对嫁接苗，在砧木部分生长出的枝条，如果放任其生长，会造成接穗枝条的枯萎。因此，必须要从根部将其剪除。萌蘖枝很容易被忽视，因此应该十分注意是否出现萌蘖枝的情况。

● 各种类型的忌枝 ●

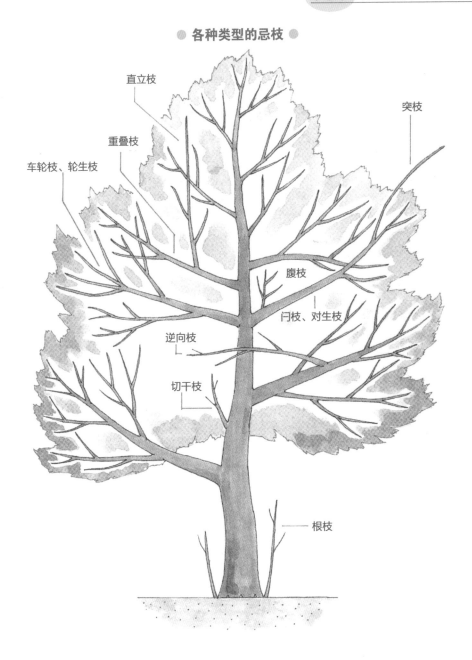

直立枝

突枝

重叠枝

车轮枝、轮生枝

腹枝

闩枝、对生枝

逆向枝

切干枝

根枝

庭院树木的树形

在将庭院树木与周边环境等相协调后打造的精美树形主要分两种。一种是将自然的树形作为原形,一边修剪,一边培育的自然形。另一种是融入打造形态的技巧,以打造形态为主题的人工形。

● 自然形的代表 ●

直干形   曲干形

斜干形   同根生形(对称)

武士形   丛生形   垂枝形

◉ 人工形的代表 ◉

散球形（曲干）　　　散球形（直干）　　　车轮形

圆锥形　　　　　　　圆筒形　　　　　　　蜡烛形

半球形　　　　　　　球形①　　　　　　　球形②

修枝、修形、抹芽的技术

庭院树木的修枝、修形，根据目的不同，所使用的方法也是多种多样的。

大 卸枝（重剪）：如何修剪粗大树枝

将主干上长出的粗枝从根部切除称作卸枝（重剪），也叫作去枝。在庭院树木的修剪中是最烦琐、最花工夫的工作。但是对于中小枝条的养分供给，树形的调整，促进花木、果树的开花、结果都有很好的效果。

○**卸枝要在出芽前进行**因为切去的是较大的枝条，切口会比较大，因此要在切口创面愈合较快的时期进行修剪。树液即将开始流动前是最适合修剪的时间段。粗枝非常重，所以要注意切口是否需要进行第二次修剪。因为树枝较粗，要使用切口刀等工具将切口平滑处理，应该进行涂抹防腐剂。

● 卸枝的重点 ●

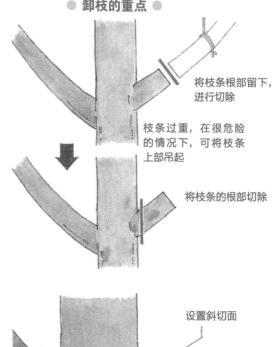

将枝条根部留下，进行切除

枝条过重，在很危险的情况下，可将枝条上部吊起

将枝条的根部切除

○ **斜切面的设置**向着切口下方稍稍倾斜进行切断，叫作设置斜切面。主要为了防止雨水从切口处侵入，在切口处可以涂抹一些接穗蜡或者木蜡等，都有较好的效果。

设置斜切面

向着切口的下方，稍微倾斜一点进行切除，这样会防止雨水侵入

疏枝：如何去掉多余树枝

树芽以及树木生长力最强的是树冠的顶端，也就是枝梢部分。在树木的生长期枝叶茂盛，树冠里面的枝条较难受到阳光的照射，为了解决这一难点，就需要进行疏枝。

在疏枝过程中要注意去除生长过茂的细小枝条。根据修剪程度的不同分为轻度疏枝、中度疏枝、重度疏枝等方法。

 回缩修剪：调整树形时的必要作业

在树冠长势过快，或者出现徒长枝的时候，在枝条的中间部分进行作业。因为去除的是小枝上面的树芽，所以回缩修剪可以促进并增加枝条的分枝，同时回缩修剪能促进新枝的生长。

相反，如果仅为轻度修剪，新枝的长势反而会变得很弱。尤其在打造自然形的庭院树木时，这是必不可少的修剪作业。

另外，在进行回缩修剪的时候，需要注意的是，根据被保留树芽的位置不同，新枝的生长方向也不一样。

● 疏枝与回缩修剪 ●

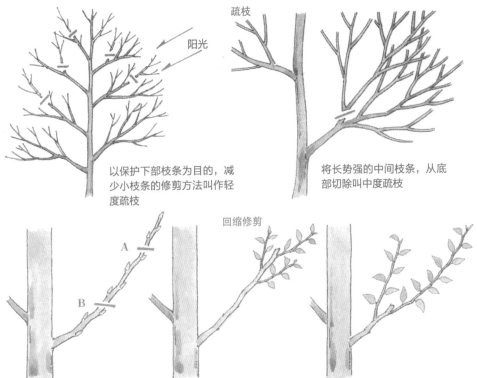

以保护下部枝条为目的，减少小枝条的修剪方法叫作轻度疏枝

将长势强的中间枝条，从底部切除叫中度疏枝

根据枝条剪切的位置不同，新枝的长势也不一样

在 A 点进行修剪，会让长出的枝条变细而且长势很弱

在 B 点进行修剪，会长出强壮的新枝

●去枝修剪和修形●

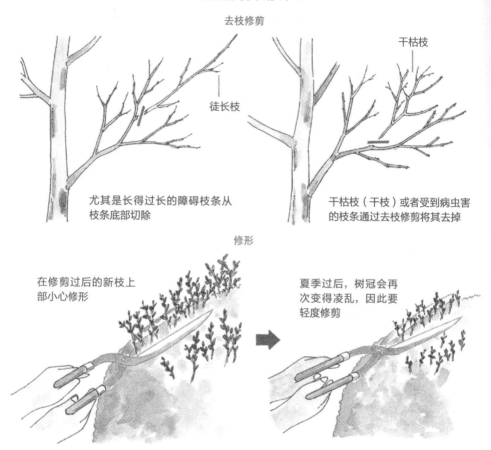

去枝修剪

干枯枝

徒长枝

尤其是长得过长的障碍枝条从
枝条底部切除

干枯枝（干枝）或者受到病虫害
的枝条通过去枝修剪将其去掉

修形

在修剪过后的新枝上
部小心修形

夏季过后，树冠会再
次变得凌乱，因此要
轻度修剪

在分枝处进行去枝修剪

与回缩修剪相似，在枝条分枝的部分进行回
缩修剪，去除不影响树形美观的枝条，或者以
缩小树形为主要目的修剪，通常是针对枝条生
长过多的树木进行的。

在人工调整树形时对树木
进行的修形

修形是在打造非自然形态的特殊树形时使
用的修剪方法。针对冬青、东北红豆杉、日本
花柏等发芽率以及长势较好的树种所使用的修
形、整姿方法，其特点是可以根据个人喜好对
树木进行树形的调整。但是，如果日常没有进
行精心管理，树形就很容易凌乱。

通过这种方法可以打造完全相同的树形，
列植在庭院的周围能够给人以清爽整齐的欧洲
庭院的感觉，借此提高整体庭院空间的观赏性。

● 一般松树类的摘芽 ●

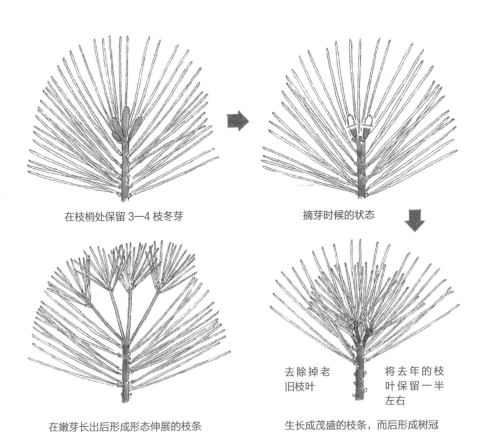

在枝梢处保留 3—4 枝冬芽

摘芽时候的状态

在嫩芽长出后形成形态伸展的枝条

去除掉老旧枝叶

将去年的枝叶保留一半左右

生长成茂盛的枝条，而后形成树冠

 在培育美观新枝时的摘芽

摘芽是摘取掉刚长出的新芽或者尚未展叶的嫩芽的顶芽，其目的是为了控制其枝条生长过长或者促使其小枝的增加。根据树种的不同，摘芽的目的也不一样。具有代表性的如松树类的摘芽作业，根据黑松、红松、五针松等品种的不同，摘芽手法也不一样。

绿芽是指刚刚开始生长的新芽、嫩芽，或者是针叶树还未展开的树叶，根据树木的长势，用手指将新芽折断以打造精美的树形，是打造茂密短小枝条的精美松树形状所不可缺少的作业。

另外，如果对丝柏的同科树木进行修剪，枝梢部分会变得枯萎、变色，因此在庭院中需要经常进行摘芽作业，以保持亮丽的绿色。树木摘芽本身不同于单纯的树木修形，摘芽的魅力在于可以打造出个人所喜好的精美树形。

庭院树木在一年里的生长循环

○ **2—3 月中旬**树木根系开始活动的时期，槭树科等树种的根系在早春就已经开始活动，同时也有像紫薇等根系在 4 月开始活动的树种在 2—3 月中旬根系提前开始活动的情况。

随着树木根系的活动，根系开始吸收土壤中的水分，树木内部的树液开始从树干流向各个分枝。

○ **3 月中旬—4 月**树芽开始萌发，树木到了开始长叶片、生新枝的时期。这个时候的枝叶是通过去年树木在光合作用下储备在体内的养分（碳水化合物）生长的。也就是说，这一时期是树木消耗自身的养分来发枝的时期，因此养分储藏量越多的树木，它的生长也就越茂盛。

原则上在这一时期应当尽量避免树木的移植或者重度修剪。

○ **4—6 月**在一年里枝叶生长最茂盛的时期，也被称为第一次生长期。

另外，效果较慢的冬肥在这个时期会出现非常显著的肥效。

○ **7—9 月**因为高温，树木的生长会暂停，这时的树叶会变成茂盛的深绿色，于是有了一句"绿荫底下好乘凉"。这一时期是光合作用最旺盛的时期，因此成了树木第二年生长所需的养分的储蓄期。

另外，有很多树种的花芽在这个时期开始分化，大约经过一个月，就会完全变成花芽的状态。如果在这一生长期中进行修枝，会引起水分或者养分的供给流动变化，这样会使将会变成花芽的叶芽开始生长（二次芽、二次枝）变成叶片，导致不会开花。

○ **9—10 月**这一时期是花芽形成，并且变得壮硕的季节。在这个时期可以分辨出花芽与叶芽的区别。尤其是未见花芽而生长较长的枝条，可以将其进行回缩修剪，以便调整被枝条打乱的树形。

但是，像桂花这种花芽在 3 月后就开花的花木，应当进行修剪作业。在新枝的枝梢（顶芽）形成花芽的茶梅也采用同样的方法。

○ **10—11 月**由于这个时期气温变得很低，气候条件与春天变得相似，因此树木会再次进行生长（二次生长）。虽然这一时期树木的生长不像第一次生长期那样枝叶变得茂盛，但是树木仍然会进行光合作用。因此，如果在 9 月的时候实施一次秋肥的话，会让树木长得更加茂盛，起到有助于树木长势的效果。

○ **12 月—次年 2 月**大部分的庭院树木进入休眠期。因此这个时期就变成落叶树的移栽或者修剪的适宜期。

第4章

79 种有人气的
庭院树木的
修剪、养护、管理方法

青木（东瀛珊瑚）

因为其主干以及枝条的颜色是青绿色，所以被称作青木。不仅彩色的叶片很漂亮，而且从晚秋到冬季会形成红色的圆形果实。因其能在庭院的阴凉处给空间增添美丽的色彩，所以极具人气。有很多的品种的叶片上带有好看的斑点，因此也可以欣赏到多姿多彩的叶片。

○**种植时期** —— 4—5月较适宜根系的生长。在气候温暖的地区，10月左右也可以进行栽植。

○**较适宜的种植场所** —— 喜好阴凉或者半阴凉处。因为是常绿树种，所以适合作为遮挡。

○**施肥的方法** —— 1—2月施冬肥，可以施一些有机肥料。

○**修剪的技巧** —— 如果生长过于茂密，可以进行轻度疏枝。老旧枝条可以从底部去除。

种植场所不好，就不会长出漂亮的叶子

青木最重要的优点就是拥有油亮精美的叶片。并且，因其品种多样，所以根据种植品种的不同，可以欣赏到多彩的青木叶片，如花叶青木等。

青木这种植物不喜好强阳光的照射，因此如果不种植在阴凉或者半阴凉处，就会让其失去魅力，或者变得枯萎，失去植物的美感，仅存的干枯枝条会很显眼。

与此相反，青木能生长在一般庭院树木所不能生长的地方，从这一点上来说青木是很珍贵的庭院树木。

保持枝叶的形态，老枝的修剪方法

4月左右，当花期结束之后，马上会从花穗的根部长出2—3根新枝，呈自然的扇形生长，同时枝条根部的老旧枝条会自然脱落。因其生长的速度不是很快，所以不需要对其修剪。

但是，当株形变大，深绿色的叶子会长得过于茂盛，给人以压迫感，在这种情况下，可以将变成褐色的老旧枝干去除，以保证枝叶的形态美观。

为了欣赏到红色果实，雌株的种植方法

青木是雌雄异株的植物，因此即便开花，如果不是雌株，我们也不会欣赏到像珊瑚一样的红色果实。

青木的花芽是在花期结束后，从生长出来的新枝上分化的，因此如果在6月之后对枝梢进行修剪，第二年就不会欣赏到青木的花和果实。

雄株更适合作为绿篱

从雌株和雄株的用途以及特点上看，有更适合雄株的种植空间。雄株仅限于种植在与邻居的挡墙或者道路的边界处，因为与雌株相比，雄株的树会长得更高。

● 老枝的更新 ●

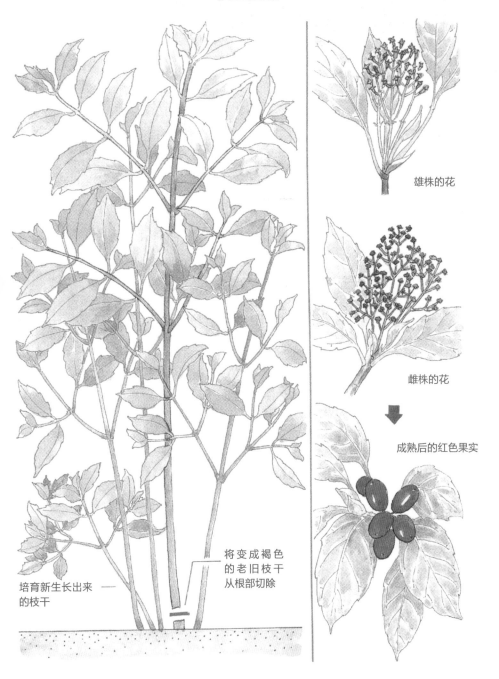

雄株的花

雌株的花

成熟后的红色果实

培育新生长出来 ——
的枝干

将变成褐色
的老旧枝干
从根部切除

绣球

绣球也称作八仙花或紫阳花，在开花初期花色呈现淡淡的乳白色，随着时间的变化，花色会渐渐变成蓝色或者红色。因为绣球的开花期会遇上梅雨季节，所以雨后花瓣的那种仿佛被雨水浸透的水润感是绣球的一大魅力。

○**种植时期** —— 3—4月是绣球容易生根的季节。在温带地区，10月下旬也可以种植。

○**较适宜的种植场所** —— 最适合在宽敞的阴凉空间中种植。绣球的蒸腾很快，因此在夏季要给予充足的水分。

○**施肥的方法** —— 在落叶期应当施冬肥。因其喜好弱酸性土壤，所以应避免石灰类肥料。

○**修剪的技巧** —— 在花谢后，可将两片对生叶进行修剪。如果不进行修剪的话，花枝会长得过高。

绣球在凋谢后一定要剪枝

绣球如果不进行日常养护，放任其生长，不仅植株会长得过高，株形也会变得凌乱，细枝会不断生长出来，这会导致开花越来越少。在一般家庭里，结合庭院的面积以及种植的空间，保持1m左右的植株高度是最理想的状态。

在结束后，应尽快将上端的两片对生叶连带花冠进行修剪。不久，在枝条前端的叶腋处会生出新的枝条，但是在这根枝条上不会长出花芽（绣球在二年生枝上进行花芽的分化）。

到了10月下旬，在较粗枝条的叶腋处可以看到长出椭圆的花芽，在这一时期或者在落叶后，再一次进行枝条的修剪，打造自己喜好的株高。

让花色鲜艳的技巧

当绣球在盛开期的时候，会有花瓣颜色不够鲜艳的情况。主要是肥料不足导致的。

一般施冬肥就可以达到预期效果，但是当花期（6—7月）结束之后，可以试着给每株施80g左右的磷和钾成分多一些的肥料。这样，第二年的花色会变得十分艳丽、美观。

欧洲绣球（欧洲琼花）应种植在日照较好的地方

喜欢花球大，颜色多样的欧洲绣球的人越来越多。

在庭院中栽植改良了的欧洲绣球时，可选择秋冬季节并且日照非常好的空间进行种植。因为，与日本绣球相比，欧洲绣球的抗寒能力较弱，在冬季容易因受到冻伤而枯萎。

欧洲绣球的修枝方法、施肥方法以及防止地表干燥等方面的养护与日本绣球相同。

● 花谢后的修枝 ●

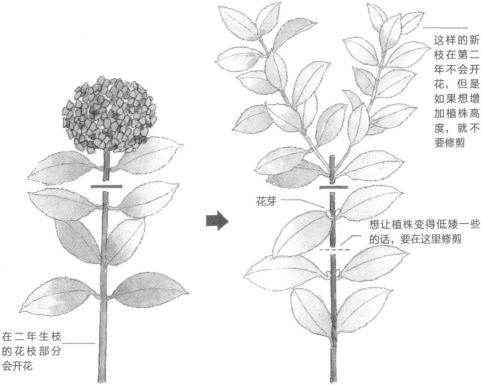

这样的新枝在第二年不会开花，但是如果想增加植株高度，就不要修剪

花芽

想让植株变得低矮一些的话，要在这里修剪

在二年生枝的花枝部分会开花

在花谢后，立刻将花冠修剪掉。长出的新枝不会生出花芽

在秋季落叶后，确认好椭圆的花芽，根据自己喜好的高度进行修枝，调整树高

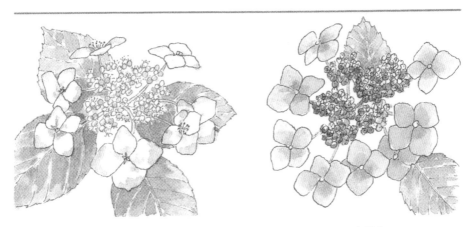

红额紫阳花（阿尔彭格卢欣）　　　　　　　　　山绣球

马醉木

在第一年的夏季会生长出穗状的小花蕾，在越冬之后迎来的第二年春天就会开出很多下垂状的白色或者淡红色的吊钟状花朵。如果根据自己的喜好调整配植的形状以及打造美观的树形，在小型庭院中能展现出一幅精美的画卷。

○**种植时期**——4—5月是栽植的适宜期。因其根系主要生长在浅土层，所以需要适当的支柱固定。

○**较适宜的种植场所**——适宜种植在一天中大约一半时间有日照的地方。如果在阴凉处种植，开花极为不好。

○**施肥的方法**——随着花期结束，可以在植株周围追加肥效较快的复合肥料。

○**修剪的技巧**——去除徒长枝，根据枝条的长势适度对小枝条进行疏枝修剪来调整株形。

对过早长出的花穗进行摘芽，花会长得更好

马醉木的花穗是在当年生枝的顶芽以及它的腋芽处开始生长的。如果花穗在7月左右就开始萌发，在根部的花蕾会很容易脱落，即便开花，长势也会很弱。因此，对于这样的花穗要毫不可惜地进行摘除。不久会长出新的花穗，花蕾也会长得很大，在开花期能够欣赏到美丽的马醉木的花姿。

如果花开得太多，会有盘根错节的可能

虽然花木开花越多，视觉效果越好，但是对于马醉木这样的花木来说，不是很值得高兴的事情。马醉木的细根较多，如果发生盘根错节，很容易发生老化的现象，枯枝现象会急速增加，甚至导致整株枯死。

主要的解决方法是对其进行修根。要领是在植株根部周围挖一圈15—20cm深的沟槽，放入一层腐叶土，然后再用土壤覆盖。沟槽部分的土壤因肥料以及氧气的供给增加会让树木再次生长。

但是，这样水分的流失十分明显，因此在夏季要在马醉木的根部铺上一层厚的稻草或者泥炭藓，防止其土壤干燥，保证树木生长需要的水分。

膨胀的叶片要马上摘除

马醉木的叶片有时候会膨胀，通常叫作枯梢病。杜鹃、山茶花、映山红等花木经常能遇到这种病害，一旦发现，应当尽早摘除病叶，将其焚烧。

这种病害的病菌一般在芽或者枝梢上潜伏，因此在冬季使用石灰硫黄合成剂进行喷洒植株能有效预防。

● 去花的重点 ●

去除过早生长出来的花蕾

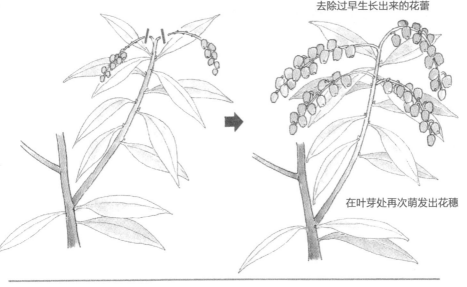

在叶芽处再次萌发出花穗

在花谢后不让其生成果实，将花穗全部摘除

在开花较多的时候进行疏枝，减少花数

生芽是很好的事情，不要进行重度修剪，可欣赏马醉木自然的树形。如果长出徒长枝，应进行回缩修剪

给花浇太多的水，会造成花期缩短

马醉木是喜水花木，因此在容易干燥的空间中应注意及时补充足够的水分。但是，在花期浇水，要注意避开花冠。如果给马醉木浇了过多的水，会导致花期变短，赏花的乐趣就会减少。

丝柏

柏科中的日本花柏是园艺中较多使用的品种。与日本花柏相比，丝柏的叶片更细，在比较优雅的庭院中，丝柏作为主要的庭院树木被广泛种植，还有同为金黄色的黄金球柏、金塔柏、窄冠侧柏、千头柏等品种。

○**种植时期** —— 3—4 月，或者 9—10 月。在种植时树穴要稍大，覆土后用支柱固定。

○**较适宜的种植场所** —— 选择日照较好的宽敞地区。可作为庭院中的主景树，供人们欣赏其精美的树形。

○**施肥的方法** —— 2 月中下旬，在树干周围的 3—4 处施有机肥料。

○**修剪的技巧** —— 如果放任其生长，枝叶会长得过于茂密。因此，每年要进行二次修枝。

丝柏是别名，正确的名称是垂柏

丝柏叶片以及枝条的特性都是纤细，树形像丝条下垂一样，因此在较多的地区被称作丝柏或者垂丝柏，但正确的名称是垂柏。

在柏树或者日本花柏的同科植物中有黄金球柏、金塔柏、窄冠侧柏、千头柏、绒柏、线柏等各种各样的品种。一般将它们归类于柏科，但是我们在进行庭院树木栽植的时候，最好要根据不同品种的不同特点灵活使用，打造精致美丽的庭院空间。

在没长叶片的部分进行修剪，将导致枯枝现象发生

丝柏在生芽迅速的生长期，分枝数会不断增加。放任其生长，虽然可以形成较为自然的树形，但这种形态并不适合作为庭院树木的树形。在分枝长得茂盛的时候，要进行重度修剪，但是需要注意的是，如果将没有长叶片的枝条一同修剪掉，枝条就不会生长出新芽，会导致枯枝现象发生。

保持丝柏的整体树形应以疏枝为重点。

丝柏的疏枝修剪按照下面的顺序进行，在后期的养护管理上会更方便。先去除生长过长的枝条，再去除直立枝。对枝条生长过于茂密的部分进行疏枝。最后对短枝进行整理性修剪。

另外，在调整细小枝条的枝梢部分的时候，如果用剪刀进行修剪，枝梢会变成褐色并枯萎（暂时性），用手指去梢是一个小技巧。

在秋季应修剪旧枝，保持树形的通透感

在 5—6 月进行疏枝修剪是不错的做法，但最理想的是在 9 月中下旬除去干枯枝，用双手摇晃树干让老旧枝叶自然脱落。这样能一定程度防止树木的锈病发生，因此一定要进行此项操作。

另外，对叶梢部分进行摘芽作业，会打造出具有通透感的树形。

● 适合小型庭院内树木的整枝方法 ●

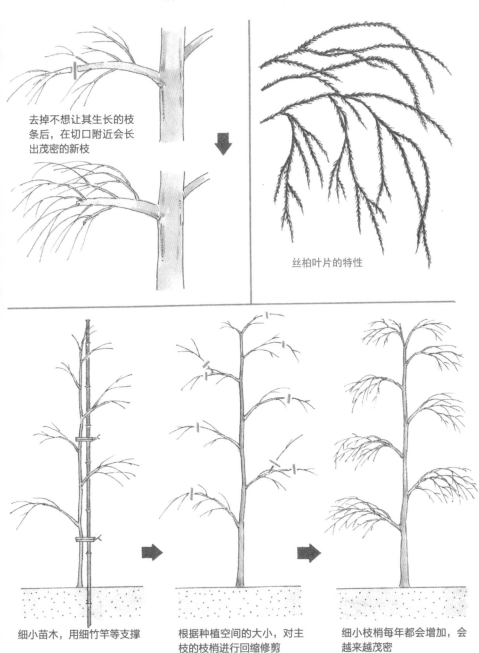

去掉不想让其生长的枝条后，在切口附近会长出茂密的新枝

丝柏叶片的特性

细小苗木，用细竹竿等支撑

根据种植空间的大小，对主枝的枝梢进行回缩修剪

细小枝梢每年都会增加，会越来越茂密

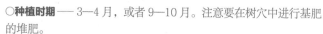

冬青

一般所说的大叶黄杨指的就是冬青，它的叶片是互生的，其可以打造成散球形、圆筒形、球形等多种人工形，因此是一种很有人气的庭院树木。

○**种植时期**——3—4月，或者9—10月。注意要在树穴中进行基肥的堆肥。

○**较适宜的种植场所**——在日照、水分条件良好以及肥沃的土质中枝叶会长得更好。

○**施肥的方法**——在2月、9月进行基肥堆肥或者在植株周边施加复合肥料。

○**修剪的技巧**——每年最少进行二次树姿修形，要结合种植空间的特点打造树形。

根系较少的树木，修枝后种植的技巧

在苗木根系较粗，仅有主干枝条的时候，将主干枝条保留15cm左右再进行修剪，形成仅保留苗木主干的状态。另外，用稻草将主干包裹好进行种植是一个重要的技巧。

这样移栽后的苗木枝芽长势会很好，因此可以在新枝长出后充分地打造自己喜好的树形。

何时是有效的修枝季节

在打造幼树树形的时候，第一次修剪可以在6月进行，在春季生长出来的新生枝条变硬之前进行修剪。

第二次修剪要在梅雨季节结束后，主要是对第一修剪后长出的小枝条进行调整修剪，这样会让枝条再次生长，直至秋季。

在夏季之后的第二次生长期中对枝条进行修剪也是非常理想的。

另外，对于较低树木的树形进行球形打造的时候，应尽早抑制主干枝条的纵向生长，增加枝条的横向生长，同时逐渐对预期设计好的树冠进行造型修剪。

散球形修剪要注意的2个重点

株形精美的散球形树姿，是庭院树木主景树的最佳形态。但是，如果不运用树形打造的技巧，就不会形成形态丰满的树姿。

下部的枝条在打造散球形时要更大一些。因为下部的枝条会更加粗壮，所以打造较大的散球形树形在视觉上更稳定，也更符合作为庭院主景树的风格。

在内侧部分的散株要修剪得小一些。主干的弯曲外侧（向外弯曲的部分）叫作"背部"，内侧叫作"肚子"。在这个"肚子"部分打造散球形时，尽量要打造小一些的散球形。因为在内侧长出枝条是很不自然的，所以在树形打造的时候尽量不让内侧的枝条显得突兀。

◎ 整姿、修剪的重点 ◎

曲干形苗木的打造

（省略树叶）

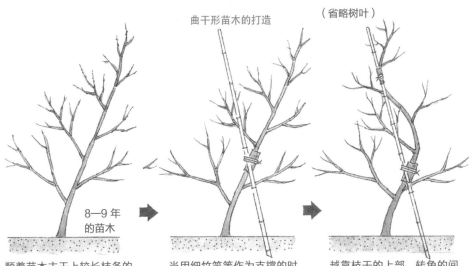

8—9 年
的苗木

顺着苗木主干上较长枝条的
另外一侧进行倾斜种植

当用细竹竿等作为支撑的时
候，要尽量将细竹竿深深地
插入土层中

越靠枝干的上部，转角的间
隔就要越小，这样会让树形
更稳定

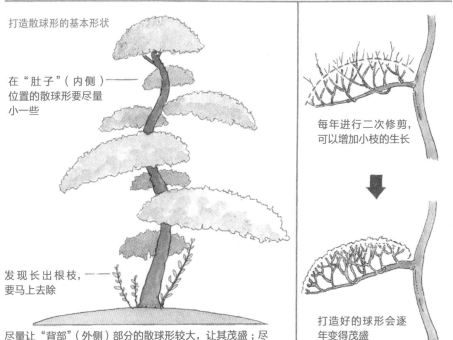

打造散球形的基本形状

在"肚子"（内侧）
位置的散球形要尽量
小一些

每年进行二次修剪，
可以增加小枝的生长

发现长出根枝，
要马上去除

打造好的球形会逐
年变得茂盛

尽量让"背部"（外侧）部分的散球形较大，让其茂盛；尽
量让"肚子"（内侧）部分的散球形松散，这样会形成精美
的树形

罗汉松

罗汉松和其他松科一样，作为庭院树木的针叶树种存在感很强，通常作为迎客或者庭院的主景树使用。与日本关东地区的罗汉松相比，关西地区种植的罗汉松枝叶更细，生长茂密的品种较为多见。

○**种植时期**——5月或者9月。因其属于温带植物，所以在种植时应避开低温期。

○**较适宜的种植场所**——选择在日照、水分较为充足，土壤肥沃的地方较为适宜。对于冷空气的抵抗力较弱。

○**施肥的方法**——在2月和8月施有机肥料，注意不要施过多的氮肥。

○**修剪的技巧**——在形态上打造散球形树姿是主流，所以需要精心修剪来打造树形。

在种植场所里，要控制适宜的树顶（树梢）高度

一般来说罗汉松是会生长到5m以上的常绿乔木。在作为庭院树木来打造时，就必须要限制它的树高。如果打造散球形或者曲干形，树高控制在2—3m的高度最为适宜。

另外，打造圆锥形或蜡烛形列植的时候要根据庭院空间的大小、住宅建筑的高度，协调好树高与周边环境。

每年应进行二次修形养护

一般来说，在6月和9—10月的时候要进行二次修剪。

第一次是在梅雨季节刚刚结束的时候，针对春季生长出来的新枝进行修剪。第二次是在秋季，主要针对夏季修剪后再次生长出来的枝条进行重复性修剪作业，主要目的是为了打造树形。

在打造曲干形时，对侧枝的修剪

将植物种植之后可以让其自行生长，但是当植物生长到预期高度的时候，可以按照以下的方法进行株形打造。

抑制主枝生长。保留主要形态枝条（打造树形时所需要的粗枝），其他枝条可以从根部将其剪去。侧枝要选择从枝干"背部"生长出来的强壮的枝条，可以使用细竹竿诱导其生长。侧枝的生长诱导以及固定需要注意的是，如果在树木生长的早期不进行枝条固定的话，会因树木的枝条长得过大，导致枝条的形态不能弯曲。

徒长枝的修剪要点

如果从树冠上突兀地长出徒长枝，修剪的方法不是将其修剪到与树冠表面平齐，而是必须要将生长出来的徒长枝修剪到树冠表面下方3—4cm的位置。

如果仅仅将徒长枝修剪到树冠表面，能够暂时达到修形的目的，但是很快新芽又会生长出来，所以对徒长枝的修剪要注意。

◉ 打造曲干形的重点 ◉

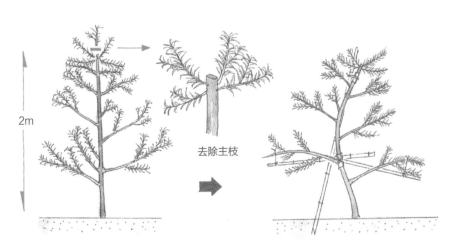

2m

去除主枝

在生长期 5—6 年内，做好曲干形基本造型的准备

使用细竹竿打造主干的曲线并进行固定

如果发现长出徒长枝，要深度切除

罗汉松的代表性曲干形形态的打造

徒长枝

徒长枝容易变成车轮枝，因此要将其修剪

齿叶溲疏

在野外自然中生长的齿叶溲疏的同属的品种很多，如阿里山溲疏、小花溲疏、大花溲疏等。开的花通常为单瓣的白色花瓣。齿叶溲疏花名的来历是因为它的枝条内部为中空，在农历四月（卯月）开花，花香怡人，因此别名叫卯花。

○种植时期——3月是适宜的种植时期。在3月下旬新芽就会生长出来，应尽早种植。

○较适宜的种植场所——虽然齿叶溲疏喜欢光照较好的条件，但是如果种植在半阴凉处，也能欣赏到美好的花季。

○施肥的方法——在花期结束后的7月，作为花的"礼貌肥"，要给土壤追施一些复合肥料。

○修剪的技巧——作为绿篱，应在花期结束后对形态进行修整。以打造自然形态为主，重点进行疏枝修剪。

如果要欣赏齿叶溲疏的自然形态，就不能破坏它丛生的特性

发芽较好的齿叶溲疏，在花谢后一直到夏季会生长得很茂盛，也会从地表生长出来一些新的枝条形成植株。

这样的树形是齿叶溲疏的自然形态，因此在庭院中孤植齿叶溲疏的时候，应当特别注意对叶生长过于茂密的老旧枝条进行疏枝，对长势过盛的徒长枝进行回缩修剪等，以保证树木良好的树姿。

对较大株形的修剪

当树木的长势已经与种植的空间大小不相符时，可以在各枝干的1/3处进行回缩修剪。这种情况下最好不使用修枝剪，主要技巧是尽量保持自然形态的树形。

对于花墙的修剪，要注意增加小枝

齿叶溲疏适合作为划分道路间界限所使用的景观遮挡性植物。

从5月左右开始，齿叶溲疏就会大面积地开花，此时齿叶溲疏清丽的花姿会随风摆动。齿叶溲疏花墙修剪的适宜期在6—7月。在这一时期的绿篱表面会生长出很多徒长枝，要尽量修剪到你所希望的植株高度。因为齿叶溲疏的发芽速度很快，所以枝叶长势会很快茂密起来。

适合插花用的白花溲疏

在日本一些山地上野生的白花溲疏，是很有人气的插花材料。与5枚花瓣的溲疏相比，白花溲疏的特点是呈4枚花瓣，并且能闻到悠远的清香。

吊钟溲疏作为改良品种，因其花瓣中心呈淡红色，被广泛栽培。

● 修形的重点 ●

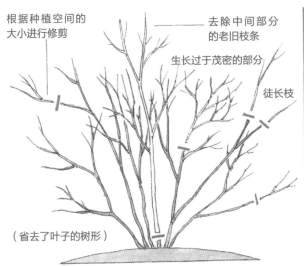

根据种植空间的大小进行修剪

去除中间部分的老旧枝条

生长过于茂密的部分

徒长枝

（省去了叶子的树形）

打造 1—2m 的树高。为了保持其自然的形态，在修剪上仅对一些不必要的枝条进行去除

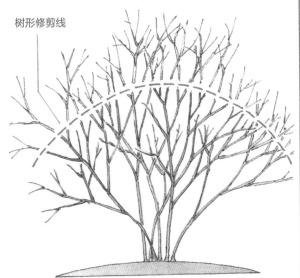

树形修剪线

在生长成为较大株形的时候，可以在各枝干 1/3 处进行修剪，待其长出新芽后再重新对其造型

重瓣溲疏

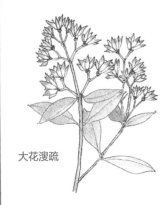

大花溲疏

白花溲疏

梅花树

能预告春天到来的典型花木，在日本从江户时代开始就被人们广泛喜爱，是传统花木，已有 3000 多年的应用历史，现在已经有超过 300 多个园艺用品种被培育出来。梅花树的花形、花色、树形、馥郁的花香等很多具有魅力的特性被大多数人喜爱。

○**种植时期** —— 从 12 月下旬至次年 2 月是种植的适宜期，苗木最好尽早栽植。

○**较适宜的种植场所** —— 喜欢日照较好的地点。在花木中，作为庭院主景树具有自己独特的风格。

○**施肥的方法** —— 要施冬肥并在开花后追肥，9 月左右要施有机肥料。

○**修剪的技巧** —— 苗木要在落叶的时候修剪，已经开花的梅花树在花期过后立即对各枝条进行回缩修剪。

因其品种繁多，所以一定要在确认好苗木品种后进行购买

梅花树品种非常繁多，观赏价值各不相同。梅花树的代表性品种主要有以下几个。

○**野生梅花树**性格很坚强，花的直径 2cm 左右，开花量非常大。花呈白色，一般是单瓣的。

○**杏梅（丰后梅）**杏（或者山杏）与梅的天然杂交品种，能开出花瓣很大的淡红色花朵。但是它的叶片以及枝条长得都很粗壮，因此不适宜种植在较小的庭院空间。

○**红梅花树**大多数可以开出淡红色或者深红色的花朵，其名字的由来是花的中心是红色的。

此外，它的枝条呈下垂状，并且在枝条上会长出黄色的斑条，是色彩丰富的景观用树。

想获得良好的花芽，就要避免重度修剪

梅花树的花芽会在枝条为 10cm 左右短枝的时候就开始分化了，因此打造这种短枝是提高开花数量的重要细节。在 12 月至次年 1 月之间修剪期根据株形的长势，将长势过快的枝条在 5—10 个芽的地方进行回缩修剪。

从修剪后的枝条上长出的新枝会形成短枝，在 7 月上中旬花芽会开始分化。

值得注意的是，如果进行仅保留 2—3 个芽的重度修剪，会造成枝条长势过强，很难形成花芽。

如果叶片出现向内侧卷叶的状况，说明花芽要发生分化。

从梅雨季节结束到盛夏这段时间，会出现叶片向内侧卷叶的状况。如果叶片看上去生长得好像很不正常，这是在花芽分化期经常发生的现象，不必担心。

但是，如果枝梢的叶片出现僵硬的卷缩状况，那是桃等乔木经常会发生的卷叶病，因此要将叶片去除。

● 花谢后的修枝 ●

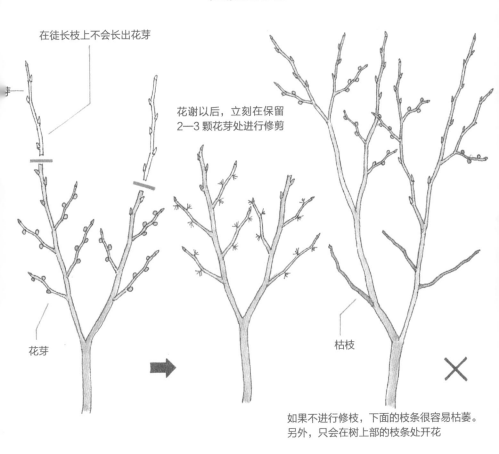

在徒长枝上不会长出花芽

花谢以后，立刻在保留
2—3 颗花芽处进行修剪

花芽

枯枝

如果不进行修枝，下面的枝条很容易枯萎。
另外，只会在树上部的枝条处开花

夏季剪枝会造成花芽变成叶芽

在梅花树的花期结束后，在保留 2—3 个芽的位置尽快进行修剪，这样会让新枝长势良好。梅花树在进入梅雨季节之后就会停止生长，虽然树形会长得凌乱，但是绝对不能对其进行修剪，因为这一时期正好是花芽分化的时期。如果在花芽固定之前就对其进行修剪，花芽会变成叶芽，会生出二次芽。

如果想要对树形进行修剪，最好在入秋之后进行修枝。

从树枝的外芽上部进行修形是不变法则

对于树干来说，主干、主枝、侧枝一直向外延伸生长的树形被称作"开心自然形"，这样的树冠呈杯子状伸展开来，这样的树冠所受的日照、树冠间的通风都很好，因此枝条的长势也会很好，开花的数量自然随之增多。

如果将内芽修剪掉的话，就会形成直立枝，最终变成徒长枝。

落霜红

在萧瑟的冬季里落霜红枝条上会长满红色的果实，因此它是适合小空间庭院的树木，是赏心悦目的庭院树木。因其是雌雄异株，所以在购买的时候最好买结出果的苗木。有的落霜红品种，其果实较大，而且成熟时颜色艳红又漂亮，因此特别有人气。

○**种植时期**——3月、10月是种植适宜期。在严冬季节根系会长得很缓慢，要注意避开在冬季栽植。

○**较适宜的种植场所**——光照条件越好的空间，结出的果实也越多。要避开干燥空间。

○**施肥的方法**——在2月和入秋的时候施肥。要少施一些氮肥，多施一些磷肥。

○**修剪的技巧**——去除掉长势过旺的根枝，尽量保持自然形生长。

如何从花分辨雌株和雄株

落霜红的重要价值就是作为庭院树木，它能结出多彩的果实。雌株、雄株仅从叶片的形状是分辨不出来的，我们可以从落霜红的花进行分辨。

虽然花的形状是一样的，但是雌株的花中心有一个绿色的花苞，而且雌蕊周边的雄蕊长势很弱。另外，雄株的花中心没有绿色的花苞，而且雄蕊的长势非常发达。

枝干数为 5—7 根的丛生树形会显得更为自然

落霜红的树形大多为自然形。5—7根细干能巧妙地展现出一个扇形的树姿，作为庭院树木自然形的长势非常的精美。但是，落霜红的幼苗单枝较多，如果出现根枝，不需要去除，可以让根枝生长。

根枝经常会长势过旺，当根枝将要形成徒长枝的时候，可以将其进行回缩修剪，让其变成如生长新芽的状态。

二年生以上的枝干更容易折断

落霜红不需要太多修剪，是一种比较好打理的庭院树木。

但是，如果长势过于茂密，当主干变得粗大的时候，在冬季的落叶期要进行疏枝修剪和回缩修剪。这个时候要注意的是，有的树枝很容易折断。

尤其是二年生以上的枝干特别容易折断，在使用修枝剪的时候要特别注意，要小心进行剪枝作业。

❀ 雌花和雄花 ❀

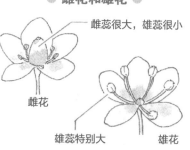

雌蕊很大，雄蕊很小

雌花

雄蕊特别大　　雄花

雌花和雄花的花瓣都是椭圆形的，长度大约为 2.5mm

74

● 自然形的打造 ●

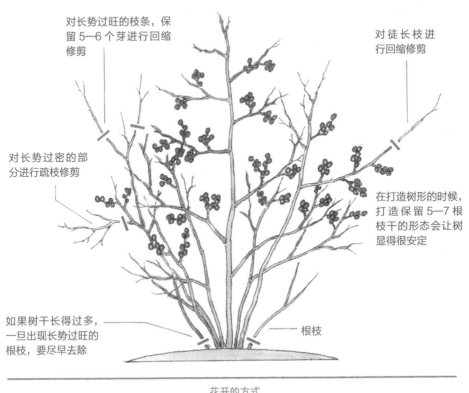

对长势过旺的枝条，保留 5—6 个芽进行回缩修剪

对徒长枝进行回缩修剪

对长势过密的部分进行疏枝修剪

在打造树形的时候，打造保留 5—7 根枝干的形态会让树显得很安定

如果树干长得过多，一旦出现长势过旺的根枝，要尽早去除

根枝

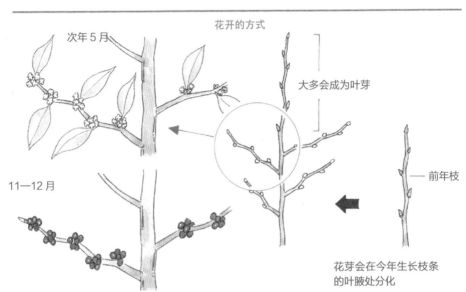

花开的方式

次年 5 月

大多会成为叶芽

前年枝

11—12 月

花芽会在今年生长枝条的叶腋处分化

金雀儿

在进入梅雨季节之前凉爽的季节，很醒目的黄色小花朵在枝头团簇开放，让周边的空间变得多彩。金雀儿的原产地在欧洲。

○**种植时期**——4月中旬至5月上旬。温带地区在9—10月进行种植。

○**较适宜的种植场所**——良好的光照条件是最重要的。因其抗寒性弱，所以要避开寒风。

○**施肥的方法**——在2月左右可以施冬肥，追加一次有机肥料即可。

○**修剪的技巧**——新枝的生长非常快，因此在每年的3月需要进行回缩修剪。

苗木的种植场所要慎重选择

金雀儿是非常难移植的树种，如果将培育了几年的金雀儿在移植适宜期移植到别的地方，会出现根系生长不好的状况。而且，金雀儿的枝条呈笤帚状向外伸展，因此最初就要选择一个在以后生长过程中不会对其进行移植的地方进行种植。

老旧枝条的残留会影响开花

金雀儿是生长非常快的植物。从春天开始生长的新枝，一年就会长到1m以上的高度。如果就此任其生长的话，每年的枝条会不停生长，会生长得过于茂密，给人以压抑感。因此必须进行必要的修剪。

3月是最合适的修剪期。将老旧枝条从根部去除，用一年生枝替老旧枝条。在这个时期，对一些枝条干枯的部分可以进行疏枝修剪。在修剪的时候有一个要点，在株丛中间用修枝剪将密集的枝条进行剪除，让阳光能更好地照射到下层空间。

如果在秋季进行修剪，会造成翌年不开花

金雀儿的花芽分化期是在9月下旬至10月中旬。值得注意的是，如果在这一时期修剪过长的枝条，花芽将不会分化，导致次年的5—6月看不到金雀儿开花。

如果徒长枝的生长过于茂密，导致树形凌乱影响视觉，可以在7月前进行枝条的回缩修剪。

如果结出果实，要剪掉

6月下旬，在花谢之后会很快长出果实。因为金雀儿是豆科植物，豆荚成熟后会形成圆圆的黑色小球，影响景观视觉效果。

另外，如果将豆荚打掉，会影响树势，因此要利用休息时间将豆荚逐一摘除。

● **修剪的重点** ●

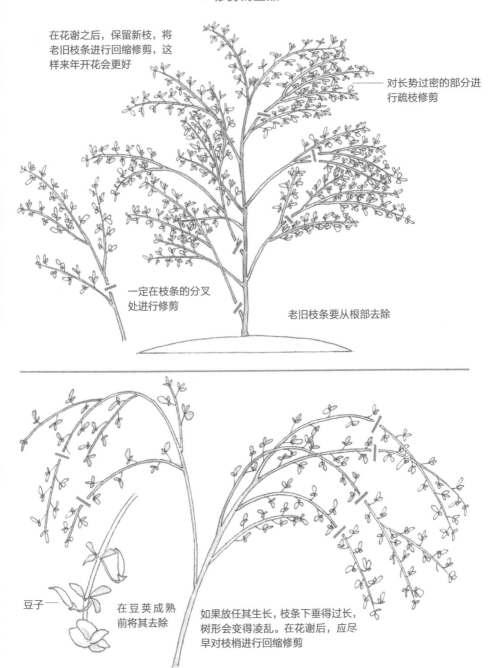

在花谢之后,保留新枝,将
老旧枝条进行回缩修剪,这
样来年开花会更好

对长势过密的部分进
行疏枝修剪

一定在枝条的分叉
处进行修剪

老旧枝条要从根部去除

豆子

在豆荚成熟
前将其去除

如果放任其生长,枝条下垂得过长,
树形会变得凌乱。在花谢后,应尽
早对枝梢进行回缩修剪

迎春花

在 2—3 月间，迎春花在长叶之前，会有 3cm 左右的黄色六瓣花盛开。原产地是中国，作为迎接春天的花被大众广泛喜爱。在素馨属里能释放香味的品种很多，但是迎春花并没有特别的香味。

○**种植时期** —— 4 月，或者 9—10 月是种植的适宜期。它的枝条呈下垂状，因此适合小空间庭院。

○**较适宜的种植场所** —— 在种植的时候要选择日照条件、土壤透水条件较好的空间，可以垒高堆土栽植。

○**施肥的方法** —— 2 月左右可以追施少量（手抓一把左右）磷肥和钾肥。

○**修剪的技巧** —— 在花谢之后，适当对一些多余的枝条进行修剪。注意不要进行重度修剪。

如何整理种植场所，才能欣赏到美丽的花景

迎春花的新枝，从春天开始到夏天会生长得很茂盛。种植到日照较好的庭院中，在早春就可以欣赏到很不错的开花。如果可以让枝条攀爬到建筑的东南面或者西南面，或者攀爬到石墙上，枝条下垂形成吊垂状，也是非常美妙的景观。

悬崖状是在盆栽中打造的一种树形，主要是打造枝叶向下吊垂的形态，比如悬崖状黑松、悬崖状菊花等。

如何在狭小的庭院空间中添加单株支撑，修剪出自然形

如果想在庭院中欣赏到形态好看的迎春花，可以打造自然形。但是需要对树干进行必要的固定。

迎春花可以生长到 5—6m 高，但是高度为 1m 或者 2m 左右更适合观赏。

迎春花的枝条大多呈弓形下垂状，徒长枝不容易长出花芽，因此要将徒长枝去除。

如何在 6 月进行球形修剪

迎春花可以打造出球形。树形的打造可以在每年的 6 月左右进行，让枝叶显得更密集是造型技巧。新枝的生长会很快，如果放任其生长，枝条的节间会变长，造型很快会变得凌乱。

> ### 与迎春花同属并释放香味的花木
>
> 迎春花是木樨科素馨属植物。
>
> 在这一属中，大约有 200 个品种。作为代表性植物，在庭院中种植的主要有开黄色五瓣花的黄素馨，在夏天开白色四瓣花的白素馨。这两种花都释放芳香，只有迎春花基本上不释放香气。

● 打造树形的重点 ●

对生长过密的部
分进行疏枝

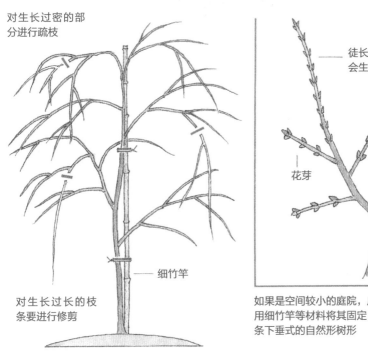

细竹竿

对生长过长的枝
条要进行修剪

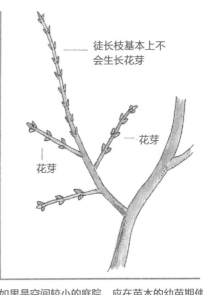

徒长枝基本上不
会生长花芽

花芽

花芽

如果是空间较小的庭院，应在苗木的幼苗期使
用细竹竿等材料将其固定，用以后期打造出枝
条下垂式的自然形树形

通过对树形的修整，
可以打造球形的树形

沿线修剪

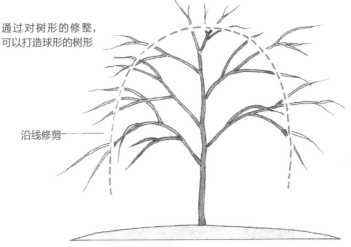

在每年的 6 月左右，可以打造自己喜爱的树形。随着每年
的修剪，小枝会增加，长势变得茂密

雪球荚蒾

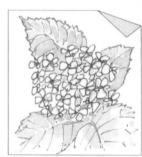

雪球荚蒾是日本关东以西的山野中野生雪球荚蒾的变种。花朵有序排列在花柄上，直径8—10cm，呈球形开放，别名叫作五彩线球花。花期是5—6月，是非常风雅有品位的花木。

○**种植时期**——3—4月，或者9—10月。

○**较适宜的种植场所**——半阴凉处较为适宜。种植在干燥的空间中雪球荚蒾的生长会非常不好。

○**施肥的方法**——施冬肥以及在花谢后可以适量追施一些磷酸含量高的化肥（手抓两把左右）。

○**修剪的技巧**——在发芽之前对生长过于茂盛的部分进行疏枝。根枝要尽快去除。

在种植树苗的时候，如果间隔空间不够大，后期会很麻烦

雪球荚蒾（树能长到3m左右）的枝条会横向生长，因此在种植苗木的时候一定要充分考虑到间隔距离。

间隔距离大约需要多少呢？目测株间距为1.5—1.8m较为合适。如果将其种植在狭小的空间中，要注意随着雪球荚蒾苗木的生长，避免它的枝条缠绕到旁边的苗木上。

如何修剪成更容易观赏的2m高的树形

雪球荚蒾的自然形是像打开的扇子一样的状态。因为雪球荚蒾是发芽率不高的花木，所以不能对其重度修剪。

如果任其生长，高度将会生长得过高，也不便于我们观赏雪球荚蒾。因此造型的技巧是，在树高生长到2m左右的时候对主枝进行修剪，抑制它的生长。

如何通过修剪上部枝条、横向扩展下部枝条的手法来调整树形

雪球荚蒾修形的技巧是，对上部枝条（接近主枝的周边的枝条）进行修剪；将下部枝条打造成横向扩展的树形。

对生长过密的枝条、视觉观感不好的缠绕枝、长势过强的直立枝等进行适当疏枝修剪，注意避免重度修剪。

另外，植株容易生长根枝，为了防止根枝导致树形凌乱，因此发现根枝就要尽早去除。

纯日式庭院中适合种植雪球荚蒾

同绣球的花球一样，其在枝头整齐并列开放，这样的雪球荚蒾特别适合日式风格的庭院。

但是，在茶室庭院等纯日式风格的庭院中，与绣球相比，野生荚蒾更加具有野趣，这样打造出来的空间氛围能给人以幽静感，让人心静。

● 打造树形的技巧 ●

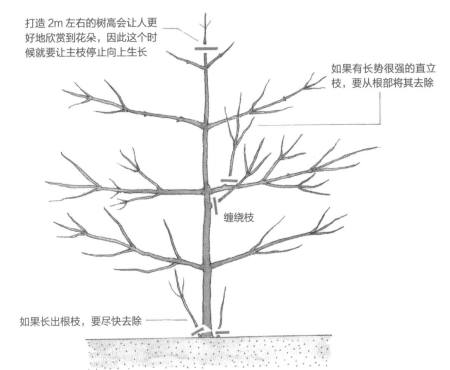

打造2m左右的树高会让人更好地欣赏到花朵，因此这个时候就要让主枝停止向上生长

如果有长势很强的直立枝，要从根部将其去除

缠绕枝

如果长出根枝，要尽快去除

打造主枝横向扩展的自然形。如果将小枝进行回缩修剪，会造成树形更加凌乱，因此应当以针对多余枝条的疏枝修剪为重点打造树形

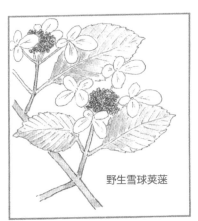

野生雪球荚蒾

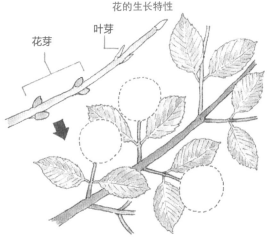

花的生长特性

花芽

叶芽

刺柏

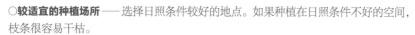

刺柏是圆柏的园艺改良品种，树枝沿着主干呈螺旋状生长是刺柏独有的特点，深绿色的条状针叶片，有光泽又厚重，因此是被广大爱好者喜欢的高人气庭院树木，可以作为列植、树篱等。

○**种植时期**——3—4 月，或者 9—10 月是种植的适宜期。

○**较适宜的种植场所**——选择日照条件较好的地点。如果种植在日照条件不好的空间，枝条很容易干枯。

○**施肥的方法**——在 2 月左右施冬肥，可以追施一些有机肥料。追肥一次就可以保证生长。

○**修剪的技巧**——主要是打造人工形，要注意的是根据株形的不同，树木修形的方法也不一样。

如何注意并避免胶锈病的发生

刺柏是胶锈病细菌寄生的树种。梨、小苹果、木瓜等果树有时容易受胶锈病侵害，所以在种植刺柏的时候，要避免在这些果树以及花木附近种植。

但是这种胶锈病有一个很有意思的特点，在梨或者木瓜树上的病菌会转移到刺柏上越冬，等到第二年春天的时候，再次返回到梨或者木瓜树上发病。因此，这种病的发病期限制在春天和初夏。

与庭院空间相协调的刺柏树形的修整

虽然刺柏的树高能达到 4—5m，根据庭院空间、种植的空间的大小打造 2—3m 的树高是比较常见的。

另外，可以打造出塔形、圆筒形、球形等各种各样的树形，这是刺柏的特点之一。

○**打造塔形的树形**树枝沿着主干呈螺旋状生长的树形，是刺柏最具有代表性的特征。在打造刺柏精美的树形的时候，就必须注意需要对其进行重复的摘芽作业。

○**打造圆筒形的树形**当刺柏的树高生长到个人喜好的程度的时候，可以对主枝进行修剪，让其停止生长。同时，将枝梢修剪，让小枝变得更茂密。

○**打造球形的树形**在刺柏的幼苗期开始就进行摘芽，然后将树逐渐修剪成椭圆形，最好每年进行 2—3 次修剪。当树形逐渐修剪成以后，就不太需要对树形进行整理，但是经常会有徒长枝长出来，所以一旦发现徒长枝，应尽早去除。

发现长出"杉树叶"，要马上修剪

刺柏的叶子是线状叶片，但是如果植株年龄过老，"杉树叶"（针状叶片）就容易萌发。

如果任其生长就影响其他枝条，所以一旦发现这种针状叶片，就要将它摘除。

● 人工形的打造 ●

打造圆筒形

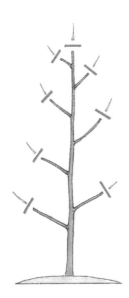
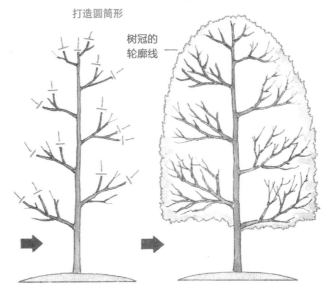

树冠的
轮廓线

苗木长到 2—3m 的时候，将主枝修剪掉，让其停止生长，同时主枝的梢端也要修剪掉

反复进行修剪，增加小枝的数量

在树形打造完成之后，要对树冠上长出的新芽进行摘除

球形的打造

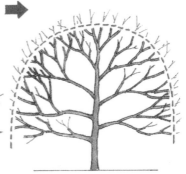

从幼苗期开始就可以将主枝修剪掉，停止其生长，然后对主枝进行回缩修剪

每年需要进行 2—3 次的反复修形，来增加枝叶数量

在预想的树形打造好以后，要对树冠上长出的新枝进行摘除，保持树姿

海棠

一般说的海棠，通常指花海棠。在花谢之后花萼和花梗会留下，偶尔会结出小果实，没有太大观赏价值。花期在 4 月。虽然花开得很美，但是枝干没有太大的观赏魅力。

○**种植时期**——在 12 月到次年 3 月之间任何时间都可以。海棠是根系很容易存活的树种。

○**较适宜的种植场所**——不需要特别选择土壤质地，但是应种植在日照条件较好的空间。

○**施肥的方法** —— 冬肥和在花谢后的追肥应多施一些磷含量较高的肥料。

○**修剪的技巧**——海棠很容易生长出徒长枝，因此在每年的落叶期要将枝条尽量剪短。

如果要选择海棠的品种，就选择具有温柔风情的垂丝海棠

海棠那种淡红色的温柔花色很吸引人，另外也有花冠向上开花的红花海棠和花梗下垂向下开花的垂丝海棠。

如果说哪一种海棠好，下垂向下开花羞答答的垂丝海棠，更让人心生爱怜，所以也更有人气。

如何种植修剪后的苗木枝干

海棠的苗木主要是由野生品种的珠美海棠作为嫁接砧木嫁接而来的。种植的时候在幼苗主干的 1/3 或者 1/2 的地方进行回缩修剪，种植深度在嫁接切口处稍许埋入地下的位置。这时候需要用细竹竿牢固地将幼苗固定住。

到了春季，海棠的新枝长势特别好，而且还会横向地向四周延展生长，因此树冠最顶部的枝条可以用固定竿牵引，作为主干进行培育。

如何根据种植的空间进行树形的修整

如果放任海棠生长，树高会达到 4—5m，但是在一般庭院中最好打造高度在 2m 左右的海棠，可以让人更容易欣赏到开花的美景。除了丛植之外，可以孤植，也可以在玄关入口处种植。因此我们要根据种植的空间进行相应的树形修整。

增加开花数量的技巧是打造大量容易长出花芽的短枝

海棠的枝条比较细，容易横向生长或者容易长出直立枝。也就是说，海棠是树形非常容易凌乱的花木，因此在冬季对于树形的修整就不能懈怠。技巧是先将树冠中没有花芽的细枝去除。然后，对树冠上部生长的较长的树枝进行回缩修剪，或者仅保留枝条上的 4—5 个芽，其余的进行部分修剪，这种枝条被称作花芽分化的短枝。

如果长时间未能修剪，在对长得过粗的枝条进行修剪后，一定要对切口涂抹石蜡。

海棠种植和修剪的要点

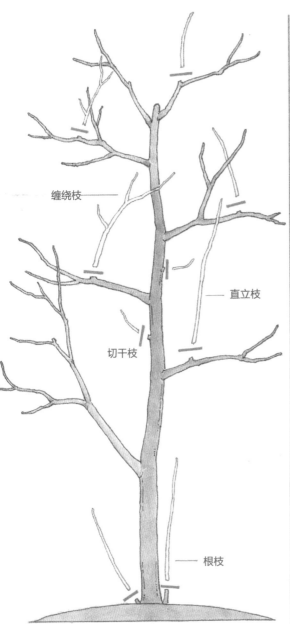

缠绕枝

直立枝

切干枝

根枝

海棠的枝条很容易生长得不规则，树形容易凌乱。
因此，一旦发现直立枝或者缠绕枝，就应该尽早
将其修剪掉，调整好树形

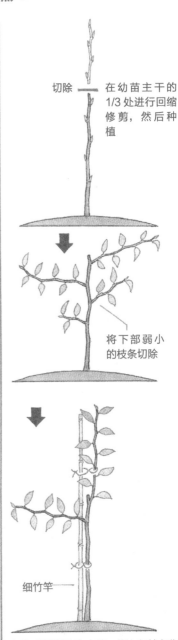

切除 —— 在幼苗主干的
1/3处进行回缩
修剪，然后种
植

将下部弱小
的枝条切除

细竹竿 ——

用细竹竿等作为支撑，将上部枝条作
为主干诱导其生长

枫树类（槭树科）

槭树科的种类较多，仅仅在山野间野生的就多达 20 种以上。作为庭院树木，主要有山槭、五角枫等，较多的人喜欢在秋季能欣赏到红叶的树种。五角枫是很有人气的树种，但黄色的叶片较多。

○**种植时期**——从 12 月开始到次年 1 月下旬是种植的适宜期。要注意的是枫树类的根系活动比较早。

○**较适宜的种植场所**——虽然枫树类的苗木喜欢日照，但是太阳的西晒很容易造成灼伤。

○**施肥的方法**——只要是富含腐殖质较多的土壤，就没有必要特意施肥。

○**修剪的技巧**——如果有对生的新枝，后期就会长成闩枝，因此要随时注意枝条的生长状况并进行相应修剪。

如何慎重地选择栽植场所，才能欣赏到美丽的枫叶

槭树科植物如果种植在夏季强阳光直射的地方，不仅叶片容易受到日照灼伤，主干也会因为受到日照灼伤而变得干裂。这会导致我们欣赏不到秋季的红叶，因此选择种植在午后阳光照射不到的空间是最重要的。

一般来说，槭树科会种植在通风较好，距离池塘比较近的地点。如果将庭院用石配置在周围加以装饰，就可以欣赏到如女性般柔美的枝条随风摆动。

早春时修枝，会造成树液流出，引起枯枝

槭树科枝条的修枝、养护一般是在 12 月到次年 1 月之间进行的。枫树类在进入 2 月左右，根系就会开始生长，如果在萌芽之前将较粗的枝条去除，会造成树液流出而且难以停止。

剪枝是修整树形的基础

在幼苗期可以让枝叶自由地生长。如果发现碍眼的徒长枝，可以将其去除，注意保持主干的健康生长。

随着树木的生长，闩枝、直立枝或者缠绕枝等忌枝会逐渐生长出来，因此在落叶期要对其进行剪枝作业。

另外，根据种植空间的大小，可以调整树高，也可以用较低的枝干代替主干。槭树科植物柔软的侧枝有着独特的韵味，因此不需要进行特别精细的修剪。

主要的枫叶种类

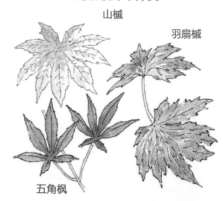

山槭

羽扇槭

五角枫

● 落叶期的修形 ●

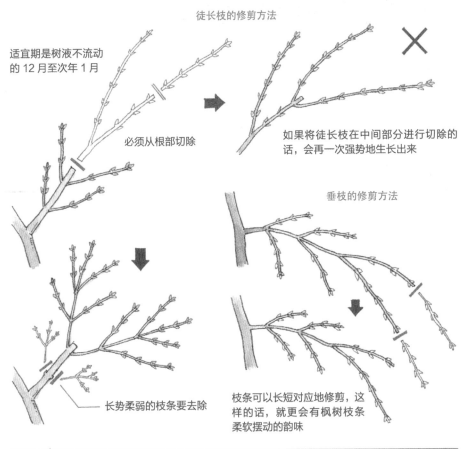

徒长枝的修剪方法

适宜期是树液不流动
的12月至次年1月

必须从根部切除

如果将徒长枝在中间部分进行切除的
话，会再一次强势地生长出来

垂枝的修剪方法

长势柔弱的枝条要去除

枝条可以长短对应地修剪，这
样的话，就更会有枫树枝条
柔软摆动的韵味

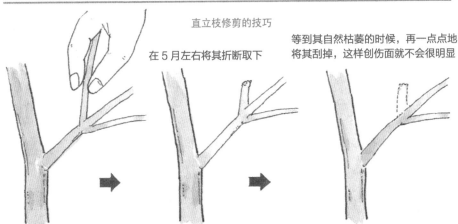

直立枝修剪的技巧

在5月左右将其折断取下

等到其自然枯萎的时候，再一点点地
将其刮掉，这样创伤面就不会很明显

柿子树

柿子树是一般家庭果树的代表性植物，被广大爱好者喜欢。结出的果实像铃铛一样挂在树上，宛如秋天里的一首诗歌，但是如果不在温带地区种植的话，柿子苦涩的味道就不会完全去除。

○**种植时期**——从11月下旬开始到次年2月中旬。根系为深根性，因此树穴要挖得深一些。

○**较适宜的种植场所**——耐寒性很弱。在种植的时候要避开冬季的寒风，适宜在温暖的空间生长。

○**施肥的方法**——施冬肥和秋肥，但是从第二年开始使用堆肥即可供给养分。

○**修剪的技巧**——在苗木期就应尽早打造柿子树的骨架（树干和主枝的打造）。

根据品种的不同，修剪的树形也不一样

根据柿子树品种的不同，枝条的生长方式也不一样。比如富有柿、甘百目柿、次郎柿等，枝条在生长时呈张开（枝条的生长相对的横向生长的性质）的品种，可以将其打造成自然开心形。另外，御所柿子树等有直立性中心干的品种，可以将其打造成变形主干形，这样果实的长势会很好。

想要尽快结果，在树穴底部铺上瓦片

柿子树开花较晚，其中很重要的一个原因就是柿子树是深根树种，其根系发达。因此在苗木种植的时候，要在树穴底部铺上一层瓦片，这样根系就会横向生长，因此枝干也随之横向生长。不仅是柿子树，很多其他的果树，如果枝条横向生长的话，树木的长势就会受到抑制，会造成很早就开花的现象。

如果头年修枝，次年将无花也无果

需要注意的是，柿子树的花芽是在新枝的枝梢处以及在枝梢附近开始分化的，会在次年的4月下旬到5月开始开花。如果在这一过程中，因树形凌乱对其修剪，那么花就全都没有了。

另外，在前一年结出果实的枝条（结果枝）上基本上不会长出花芽，因此在1月下旬至2月中旬要对其进行疏枝修剪，保证树形的美观。

造成6月左右落果的原因是什么

果实在长成之后经常会有掉落下来的情况，造成这种情况的原因主要有以下几点。

第一，果实生长过多（落果是果树的生理现象，没有特别的办法）。第二，日照不足（因为6月是梅雨以及阴天较多的季节）。第三，由于天牛幼虫的侵害。

值得注意的是，天牛幼虫侵入柿子果实内部，药剂对它不起作用。因此，在冬季将老旧的树皮削去是去除天牛幼虫的最有效的方法。

● 基本树形和结果的习性 ●

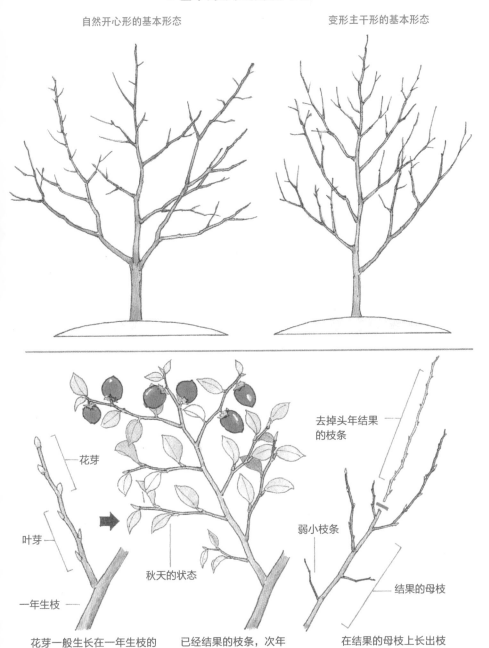

自然开心形的基本形态

变形主干形的基本形态

花芽

叶芽

一年生枝

秋天的状态

去掉头年结果
的枝条

弱小枝条

结果的母枝

花芽一般长在一年生枝的
梢头，会生长出3—4个芽

已经结果的枝条，次年
将不会有花芽萌出，因
此，可以对其进行剪枝

在结果的母枝上长出枝
条，尤其是花芽会在茂
盛的枝条上生长萌发

橡树

橡树是山毛榉目栎属的常绿树的总称。橡树会长得很高，可以作为主景树进行栽植，同时也作为防风、防火树被广泛使用。在庭院树木中是非常有价值的一个品种。

○**种植时期** ——种植的适宜期在气温较高的 5—6 月。

○**较适宜的种植场所** ——选择日照条件较好、较为温暖的空间，也需要有良好的排水。

○**施肥的方法** ——在 1 月中旬可以追施一些冬肥，在植株周边施一些有机肥料即可。

○**修剪的技巧** ——至少每年进行二次修剪，如果一年一次修剪的话，应在梅雨季节进行。

根据种植的目的不同，修剪不同的树形

橡树的种类细数有 10 多种，根据用途的不同，树形的打造也各式各样，从庭院景观的主景树到防风树（在海边用于防沙、防风）等，用途非常广泛。橡树的发芽率非常好，因此可以打造散球形、圆筒形等人工形。当然，也可以对其进行孤植。

在对邻居、道路等空间进行视线遮挡的时候，可以打造棒状橡树列（将主枝修剪，让其停止生长，只在树干上发芽），不让其枝条横向生长。

修剪的基本方法是留三叶

一般最好在 6 月下旬至 7 月上旬和 11 月进行两次修枝。

首先将腹枝、徒长枝等忌枝去除，之后对枝梢进行修剪。但是要注意，在修剪的枝条上保留 3 片左右的叶处进行回缩修剪。这种修剪的方法被称作留三叶，这样的修剪可以让二次芽生得更好，会形成更加精美的树形。在 11 月的时候仅对树形稍微进行调整即可。

避免在容易干旱的夏季进行修剪

在对绿篱等进行修剪的时候，适宜期应当是在新枝生长出来并且枝条固定好的 6 月进行。因为这个时期气温较高，降雨量也较多，这个季节修剪可以促进二次芽的生长。

夏季是非常容易干燥的季节，所以应该控制对枝条的修剪，在 11 月可以再一次进行修剪，来调整树冠的形态。

冬季应撒一些石灰硫黄合成剂（石硫合剂）

如果通风不好，橡树容易发生白粉病、蚜虫病、介壳虫病等病害。在冬季可以撒一些石灰硫黄合成剂（石硫合剂），效果非常好。

◎ 圆筒形的打造及其修剪方法 ◎

主枝完全去除

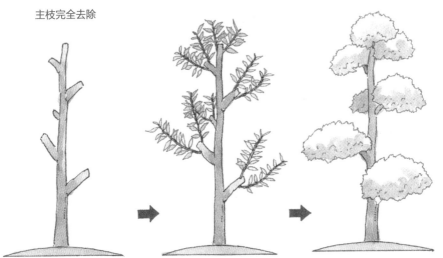

在狭小的庭院空间中，打造
圆筒形来欣赏的情况较为
多见

在切口附近很容易生长出
不定芽，可以让其完全生长

枝条长出来之后，可以每年
修剪两次，让枝叶繁茂起来

留三叶的修剪技巧

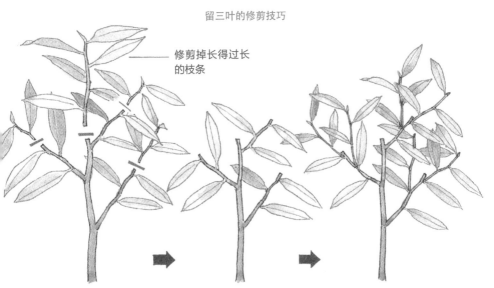

修剪掉长得过长
的枝条

在打造自然形的时候，进
行留三叶修剪

在枝条底部保留 3 片左右的
叶，然后将其余的部分剪去

小枝条会很漂亮地分开生长。
到了秋天，仅微调树形即可

夹竹桃

夹竹桃是印度原产花木。从夏季到秋季可以欣赏到粉红色的花朵，因为其耐寒性差，对冬季季风的抵抗力较差，所以在寒冷地区很难生长。其名字的由来是叶片像竹叶一样细，开花的形态跟桃花也很形似，所以被称为夹竹桃。

○**种植时期**——5—6月，要在气温变暖之后进行栽植。

○**较适宜的种植场所**——适合种植在光照条件良好、比较湿润的环境，对于土质不挑剔。

○**施肥的方法**——在2月左右，在植株周围进行堆肥或者少量撒入一些肥料即可。

○**修剪的技巧**——对于长势过密的部分进行疏枝修剪，主要保持光照和良好通风。

夹竹桃的品种很多，可以选择好的品种进行栽植

夹竹桃的基本品种是开红色的单瓣花的，重瓣夹竹桃被一般家庭种植。另外，花呈白色的白花夹竹桃开始流行，叶子上有花纹的花瓣夹竹桃也出现在我们的视线里。

在庭院中欣赏花木的时候，不能仅考虑花期，该花木与其他花木的协调性、空间的违和感等也要同时考虑，再进行品种的选择。

在小型庭院中种植夹竹桃会后悔

在种植夹竹桃的时候，需要有足够的庭院空间。为什么这么说？虽然夹竹桃会长得很高，但是并不能对其进行修剪。花芽长在新枝的梢头，如果对枝梢进行修剪，不仅不长花芽，在修剪的地方还会长出一些细小的枝条，这样会非常影响视觉美感。

另外，如果分枝的数量增加，植株的上部就会变得很重，头重脚轻而栽倒在四周，使庭院空间看上去杂乱无章。

夹竹桃主要针对老旧枝条进行修剪

从植株根部生长出新枝，株形呈自然形。4—5年枝干数量会增加，阳光会较难照射到植株丛中去。

如果想减少枝干数量，不要在枝干中段部分进行切除，一定要从根部将其整枝切除。想要降低树高，可以将老旧枝干贴着地面直接切除。

另外，如果出现好不容易形成的花蕾散落到地面的情况，大多是日照不足造成的，所以应该注意保持良好的日照条件。

根系部分如果形成肿块的处理方法

夹竹桃会出现根系囊肿病变，根系会出现肿块，并且每年都会随着植株的生长而变大。虽然不能造成植株立刻枯萎的情况，但是最好将病变的植株连同根系一起挖出后焚烧。然后，树穴的地方可以用皮克林水乳剂进行消毒。

● **修形的重点** ●

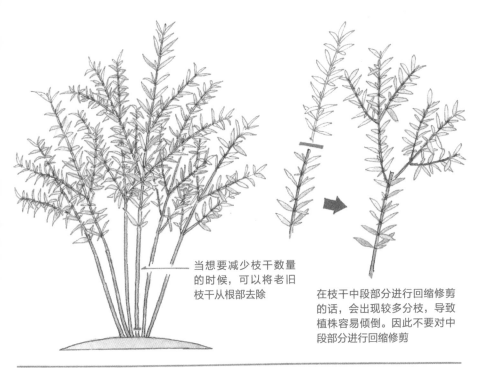

当想要减少枝干数量的时候，可以将老旧枝干从根部去除

在枝干中段部分进行回缩修剪的话，会出现较多分枝，导致植株容易倾倒。因此不要对中段部分进行回缩修剪

打造小型树姿的修剪

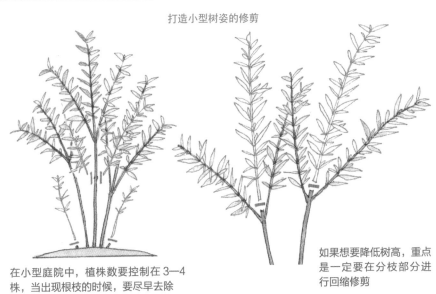

在小型庭院中，植株数要控制在 3—4 株，当出现根枝的时候，要尽早去除

如果想要降低树高，重点是一定要在分枝部分进行回缩修剪

柽柳

在细小枝条上细细的叶子垂下来，有很多人喜欢柽柳这种独特的树姿。5 枚淡红色花瓣的小花在枝头呈穗状开放。花期在 5—6 月和 8—9 月，每年两次，这是柽柳的特点。

○**种植时期** —— 3 月中旬至 4 月或者 11—12 月。

○**较适宜的种植场所** —— 光照条件良好、湿润的地方最为适宜种植。在普通庭院也可以种植。

○**施肥的方法** —— 仅仅施冬肥即可，可以在有机肥料里添加 20% 左右的骨粉。

○**修剪的技巧** —— 如果每年都对新枝进行修剪，会有囊肿状的结节，因此仅修剪一年生枝即可。

叶子的颜色变得不好看的原因是干燥

柽柳本身喜水喜光，因此大多数人会把柽柳种在光照条件好的池塘旁边。

叶子像打了蜡一样呈青绿色。如果水分不足，会影响叶子的观赏性。

如果柽柳种植在干燥的环境中，在高温干燥期应该给予充足的水分以保证其正常生长。

只要注意水分的供给，树木长势会非常好，也不会出现病虫害等情况，因此柽柳是可以培育的庭院用树。

如果剪掉新枝，将不会开花

新枝在春季就开始生长，到了 5—7 月在枝梢上会有花芽开始分化。如果在落叶期忘记对树形进行相应修剪，要等到春季新枝生长的时候，再次对其进行修枝，枝条将不会开花。

在盛花期的二三年生枝上长出的新枝，花芽会正常分化，但是在老旧枝条的切口处长出的新枝，花芽则很难分化。所以我们可以利用柽柳的这一特性对其进行修剪和养护。

修剪方法很简单，但是有一点需要注意

柽柳的自然形是像垂柳那样的，枝条温柔地垂落在空中。对于这一形态特性，在修剪的时候到底要去除哪根枝条，保留哪根枝条，没有特别具体的要求。

从 12 月至次年 2 月，结合自己庭院空间的大小对柽柳的枝条进行修剪即可。如果每年只对同一个部分进行修剪的话，就会出现囊肿状的鼓包。如果这种情况影响景观视觉效果的话，可以进行重度修剪，将鼓包全部修剪掉。

另外，如果从地表长出根枝，应尽早去除。

● 自然形修剪的要点 ●

基本的修剪方法

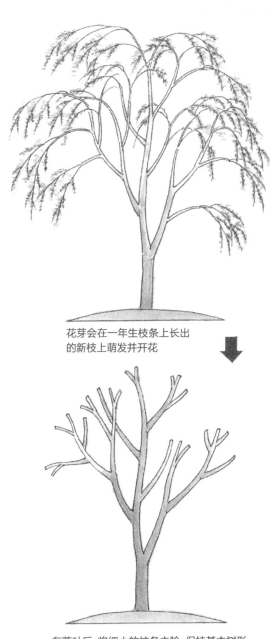

花芽会在一年生枝条上长出
的新枝上萌发并开花

在落叶后,将细小的枝条去除,保持基本树形,
也可以根据庭院空间的大小进行重度修剪

当年生枝在落叶后要
从根部去除

第二年春天会长出新芽

全部去除

在枝梢处出现
囊肿状结节

会长出不定芽

金丝梅

金丝梅从初夏到盛夏会成片地开出直径大约 3cm 的花，为 5 枚花瓣，黄色。它名字的由来是金丝梅的花蕊像梅花的雄蕊一样呈黄色而且细长。从远处看很像棣棠，但是比棣棠美丽很多。

○**种植时期**——3—4 月中旬和 9—10 月中旬是种植的适宜期。

○**较适宜的种植场所**——选择在土壤肥沃、略微有点黏性的湿润场所种植。最好避开西晒。

○**施肥的方法**——在 2 月上旬和花谢之后，施一些有机肥料和复合肥料，大约一把。

○**修剪的技巧**——对干枯的枝条及时修剪即可。不需要花费太多的精力。

对日式庭院和欧式庭院都能调和气氛的便利花木

金丝梅和棣棠、金丝桃一样，新枝呈弓形，树形较小，在枝梢部开花。因此，多选择将金丝梅进行丛植或者用作对庭院用石以及水边附近的驳岸等地方的修饰。当然，在草坪上进行孤植的话，也能很好地衬托出多彩的夏季。

另外，如果选择在庭院的石墙上列植，也能够欣赏到金丝梅精美翠绿的叶子和艳丽的黄色花瓣。

种植后略显枯萎，也不要放弃

在苗木种植的时候，树穴应尽量挖深并且填入足够量的堆肥以及腐叶土。另外在间隔土层也尽量多填入一些土。

在栽植后，植株地上的部分有枯萎的现象，但是马上就会长出新芽，所以不需要担心。

地面部分的干枯枝条不仅会影响景观美感，也有可能变成害虫滋生的巢穴，因此应尽早去除。

放任其生长，则可以欣赏到具有自然风格的野趣空间

金丝梅，即使不进行特定的养护、管理，树枝的形态也不会凌乱，不会出现直立枝等情况，不用担心植株长得过高，是较容易管理的庭院花木。

在春季长出新枝的梢头会长出花芽。要注意的是，如果这个时候对枝梢进行修剪，夏季就不会看到金丝梅开花，所以要注意不要在春季对金丝梅的新枝进行修剪。反倒是放任其生长，则会欣赏到自然野趣的空间。

在 2 月左右对金丝梅的枯枝以及长势过密的老旧枝条进行疏枝修剪即可。

● 种植和修枝的重点 ●

在种植后，地上部分会有枯萎的现象

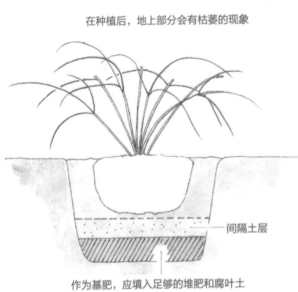

间隔土层

作为基肥，应填入足够的堆肥和腐叶土

开花的形式

所有细枝都呈弓形生长

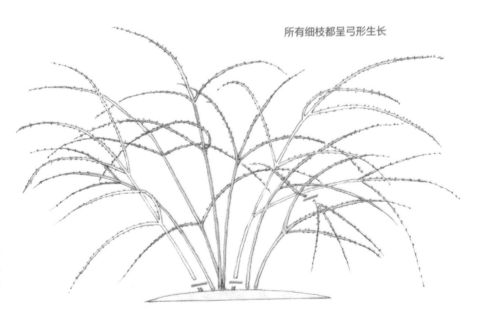

在 2 月左右，对老旧枝条以及枯枝进行疏枝修剪

栀子树

栀子树与春季的瑞香、秋季的金木樨相齐名，浓郁的芳香飘满庭院空间，是十分有人气的花木。基本品种花呈白色，单瓣开放，但是西洋栀子花（大花栀子）会开出艳丽的重瓣花朵，被众多爱好者喜爱。

○**种植时期**——4月下旬至5月。栀子树的抗寒能力较弱，因此不适宜在早春时节种植。

○**较适宜的种植场所**——喜欢湿润的地点，要注意夏季气候干旱对它的影响。

○**施肥的方法**——2月和8月下旬在植株周围施适量的有机肥料和复合肥料。

○**修剪的技巧**——栀子树的分枝较少，因此仅针对徒长枝进行回缩修剪即可。

苗木的种植最好稍晚一些

4月以后是栀子树的根系开始活动的时间。槭树类等灌木在进入2月之后根系就开始活动了，到了3月就可以看见长出的新芽。相对来说，栀子树是根系活动非常晚的植物。

同槭树类等落叶树相同，在对栀子树进行栽植的时候，根系的发育都很缓慢，或者大部分的树叶变黄且脱落，或者直接枯萎了。因此，在对栀子树栽植的时候要十分小心。

在花谢之后应尽早修枝

栀子树是长势较为粗犷（分枝很少）的花木，因此不需要对细枝进行相应的修剪。如果长得过长的枝条影响美观了，可以对其进行回缩修剪。

修枝的时期最好在7月下旬至8月上旬，在花谢之后应尽快对其进行修枝。栀子树在花谢之后，会在花谢的地方长出2—3根新枝，并且在枝梢有花芽分化，在夏季会形成很小的花蕾。因此，如果在这种情况下对其进行修剪，第二年就看不到栀子花了。

培育较大的栀子树时，在开花期进行回缩修剪

如果植株长得过大，在想对其进行修剪的时候，会很舍不得，但是栀子树还会在7月上中旬开花，所以可以进行回缩修剪。可以在枝条根部保留4—6片的叶子处进行回缩修剪。之后长出的新枝会形成花芽，第二年也会开出栀子花。

针对天敌咖啡透翅天蛾的预防方法

在5—6月，咖啡透翅天蛾的幼虫一晚上就能将枝条上的树叶吃光。在病虫害期可以喷洒马拉硫磷2—3次，即可去除病虫害。但是要注意的是，要在叶片下进行喷洒。

● 修剪的重点

如果有的枝条生长得过长，影响到视觉美观，可以在花谢之后对其进行修剪，在比树冠低的地方进行剪枝

当年花会在去年的枝梢上开放，当新枝长出之后，在新枝上会长出来年的花芽

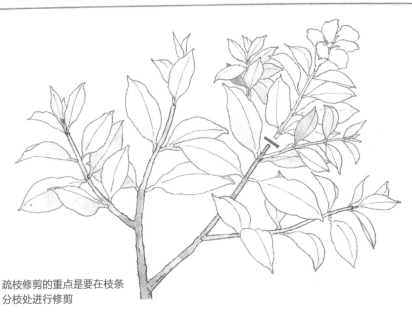

疏枝修剪的重点是要在枝条分枝处进行修剪

胡颓子

胡颓子是野生山胡颓子的品种之一。生命力很顽强，枝条也很多，因此作为具有野趣的庭院树木，有很多爱好者将其种植在庭院中，享受胡颓子结出果实的乐趣。胡颓子的果实呈红色，可以食用，因此比较适合和家里的孩子一起种植。

○**种植时期**——常绿品种胡颓子种植的适宜期是在 3 月，落叶品种胡颓子种植的适宜期在 11 月。

○**较适宜的种植场所**——选择在光照条件、透水条件良好，略干燥的地点种植。

○**施肥的方法**——2 月和 5 月下旬在植株周边多施一些钾肥。

○**修剪的技巧**——比较容易长出徒长枝，因此在树形上可以多打造一些短枝。

想要欣赏到好看的果实，要选择木半夏

胡颓子属于胡颓子科，通常会有常绿品种和落叶品种。常绿品种有蔓胡颓子、宜昌胡颓子等代表性品种，落叶品种有木半夏、星毛羊奶子等诸多种类。无论哪一个品种，都可以结出红色的果实，并且果实可以食用。在一般家庭就能简单种植，果实较大，尤其是果实呈鲜红色的木半夏以及木半夏的变种长萼木半夏。

木半夏在 4 月下旬至 5 月开花（花呈筒形），在 6 月下旬结出鲜红色的果实。

如何种植常绿品种胡颓子

主要打造高度为 1.5m 左右的自然株形，如果想和其他的常绿品种协调搭配种植，选择果实较大的蔓胡颓子会比较好。

蔓胡颓子在秋季开花，因此要注意避免大风和雨水造成花朵散落。蔓胡颓子的果实成熟期在第二年的 5—6 月，刚好是初春花草蔓生的季节。

想要多长花芽，在初夏就要给予充分的肥料

胡颓子的花芽一般在 7 月中旬至 8 月上旬进行分化。在这个时期让花芽能够良好分化的技巧是保持株形丰满和充实。

可以在 2 月追施冬肥，在 5 月追施一些添加 40% 左右骨粉的油渣或者鸡粪等有机肥料。

如果施过多氮肥，会容易形成徒长枝。虽然第一眼看上去会有枝繁叶茂的感觉，但是会造成花芽很难生长出来，所以要注意这一点。

随着枝条的生长会造成树形的凌乱，但如果在花芽分化前进行修剪，会造成二次芽的形成，导致花芽的消失。因此为了让其在春季能够长出当年生的新枝，从而长出花芽，在前一年的冬季不要进行修剪，保持干枯枝的状态。

● 修枝的重点 ●

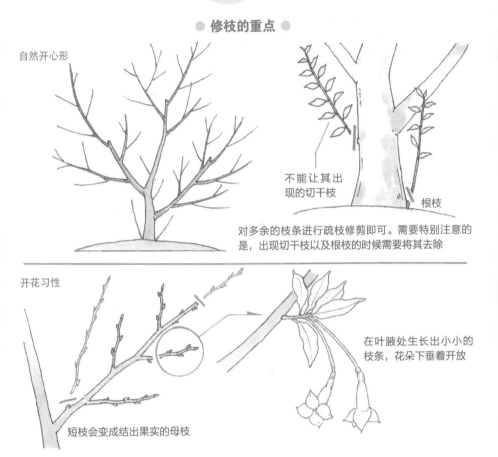

自然开心形

不能让其出
现的切干枝

根枝

对多余的枝条进行疏枝修剪即可。需要特别注意的
是，出现切干枝以及根枝的时候需要将其去除

开花习性

短枝会变成结出果实的母枝

在叶腋处生长出小小的
枝条，花朵下垂着开放

修剪时仅对多余的枝条进行去除即可

即使不对胡颓子进行特别细致的修剪，自然的枝条也会倾斜地生长开来，形成自然开心形的
树形。但是，如果发现根枝，或者在干部长出的不定芽，就要在其幼芽期将其去除掉。

如果在春季同一个地方生长出若干个芽，可以通过摘芽作业将其去除掉一半，以便保持其他
枝条花芽的萌生力。

○**落叶品种胡颓子的修枝**在落叶后的 12 月至次年 2 月间，对枝条过于茂盛的部分进行疏枝修剪，
让阳光能够充足地照射到树冠中间。另外，如果出现造成树形凌乱的长枝条的话，可以在枝条
的 1/3 处进行回缩修剪。

○**常绿品种胡颓子的修枝**如果在冬季进行修枝的话，会引起枝条枯萎。因此，可以在 6 月左右
进行疏枝修剪或者轻度修剪。

铁线莲

铁线莲是网球场地的外围护栏、竹栅栏等空间中的装饰性植物，绽放的美丽花朵在初夏的微风中迎风摆动。虽然铁线莲是四季开花植物，但是值得注意的是，如果在盛夏让其适当休息一下，秋季还能再一次开出美丽的花朵。

○**种植时期**——2月下旬至3月中旬，以及11月中旬至12月上旬都可进行种植。

○**较适宜的种植场所**——需要在透水性较好的半阴凉环境下种植，对于光照的抵抗力较弱。

○**施肥的方法**——2月和8月下旬，可以施一些添加骨粉的有机肥料，用量在两把左右。

○**修剪的技巧**——在2月下旬可对前一年的藤蔓进行回缩修剪，以便引导生长出来的新枝。

能够形成多彩花色的铁线莲品种

有两种和铁线莲很相似的品种，一种被称作铁线花，另一种被称为风车花。无论是哪一种，都和铁线莲非常相似，很难区分开来。铁线花原产于中国，风车花产于日本。其实，这些品种都是和欧洲产的品种杂交而来的园艺品种。

风车花在5—6月只开一次花（一季开花），与风车花相比有一个很大的区别就是，铁线莲本身是四季性开花植物，新枝长出之后，就会在枝梢长出花芽（花蕾）。

不破坏苗木的土球，且透水性良好的堆植技巧

打造铁线莲株形的方法有很多，比如打造绿篱、打造金字塔形等装饰性形态树篱。在苗木种植时候的技巧是一定要保持土球的完好，将土球小心地取出，在种植地点堆码土，将其堆植。直到根系完全开始生长的这一时期，对湿度抵抗力较弱，因此要保证夏季足够的光照和排水良好的土壤环境。

在苗木移栽后的一年里，需要十分注意移栽空间的环境条件。

旧枝条长得过长，整株长势显弱，开花数将会慢慢减少

铁线莲可作为绿篱或者装饰性景观植株等，在为欣赏铁线莲开花而打造株形的时候，每年的2月或者3月上旬要对第一年的老枝进行回缩修剪，这时候重要的是不让枝条下垂，同时要将枝条倾斜着固定在支架上。

不久之后就会一个点一个点地长出新芽，形成新的枝条，到5月左右就会开出新的花。如果在修枝的时候将老旧枝条保留过长，虽说新枝和花朵会生发出很多，但是会很小。

如果想让铁线莲的花开得大一些，需要将枝条修剪得短一些，这样虽然新枝的数量会变少，但是每一朵花都能绽放得很漂亮。

盛夏时节不要让其开花

◉ 枝条的诱导与花谢后的修剪

在春季长出新枝的梢头部分会开出花

花谢之后，在枝条 1/3 的部分进行回缩修剪

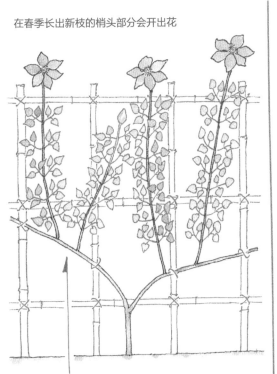

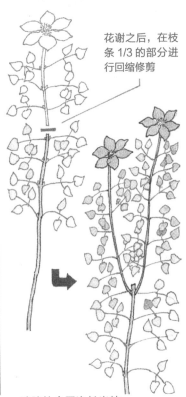

如果将铁线莲用作树篱，可对第一年长出的枝条进行回缩修剪，然后将其横向引导。如果修剪时枝条保留得过长，之后开出的花朵会很小

叶腋处会再次长出枝条，形成二次开花

　　在花谢之后尽量不要让其结果，可以在枝条的 1/3 处进行回缩修剪。这样在剩余枝条的叶腋处会萌发二次芽，再次形成花蕾。但是如果这一时期发生在持续高温的季节，枝条的生长会变得缓慢，开出的花朵也是很弱小。因此在枝条长出 7—8 节的时候可以在保留枝条的 3—4 节处进行回缩修剪。

　　这样一来就可以在秋高气爽的 9 月欣赏到秋季开花的铁线莲。

细枝生长过多，会影响开花

　　如果在空间较小的庭院中种植铁线莲，一般是用三支撑打造成金字塔的形状。如果放任其枝条过密生长，就会造成铁线莲花开得特别不好。因此，每年在发芽之前可以将长势茂盛的枝条保留 4—5 根，将其他的细枝全部去除掉。

绣线菊

柔软的枝条向四周弯曲伸展，白色的五瓣花朵团簇开放。绣线菊的花非常柔美，因此特别受女性爱好者的青睐，也是春季的代表性花木。可以在小型庭院空间中打造较小的株形。

○**种植时期**——3—4月上旬，或者11—12月。只要在落叶期，这两个季节都可以进行种植。

○**较适宜的种植场所**——虽然绣线菊喜光照，但在半阴处也能正常开花，要避免土壤干燥。

○**施肥的方法**——作为冬肥和花谢后的追肥，可以用油渣和无机肥料按照等量的比例施肥。

○**修剪的技巧**——花谢后应尽早进行修枝，为打造次年的株形可提前进行修形。

花谢后修枝的技巧是在细枝的分叉点进行

绣线菊在4月中下旬这一时期，一年生枝（即将变成二年生枝的枝条）的各个叶腋处会和新枝一起生长出又小又短的新枝，会有20—30朵花集中开放。

在花谢之后，必须要对树形进行修剪，这时候可以对生长过长的一年生枝条进行回缩修剪。绣线菊的花芽会长在春天新生枝条的叶腋处，在10月中上旬进行分化。所以，如果因为树形凌乱，秋季要对其进行修剪，就会损失掉第二年开花的花芽。

○**回缩修剪的重点**一定要在小枝条的分叉处进行剪枝。绣线菊的株高在1—3m，也就是说修剪的时候，可以将株高修剪得比我们的视线略低一些，更方便观赏。但是，如果在枝条的中段部分进行回缩修剪，切口会很明显，从而影响视觉美感。因此，应在分枝处进行修剪，这样切口就不会显露，能够形成非常自然的树形。

开花数如果变少，可将主要枝干进行更新

绣线菊本身是自然形株形，在根系周围会有新枝生长出来，枝干也会年年长大。如果每年都对其进行整姿修形的话，树形会长得很精美，但是开花数量会有所减少。

主要原因是老旧枝条开始老化，花芽的分化变得越来越少。如果变成这种状态，必须人工促进枝条更新。

方法非常简单，在落叶后的11—12月间，将老化的枝条从根部进行切除，让新的枝条作为主枝培育。切除哪根老旧枝条，可以根据之前开花时的状态来决定。

◦ 基础修剪 ◦

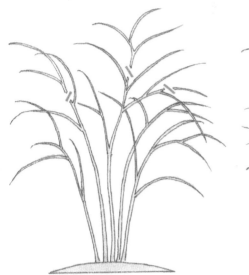

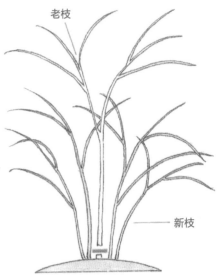

老枝

新枝

树高过高的植株，在分枝处进行回缩修剪，
这样树形会显得非常自然

新枝生发不好的老旧枝条，可以从
根部将其去除，新出新枝

修枝时要注意保
留长势好的新枝

开花量很多的枝条，在第二年很难长出
开花好的新枝，所以应将其去除

辛夷

辛夷的开花要比樱花早一些。在日本关东地区从3月下旬开始在长叶之前开花。虽然从九州地区到北海道被广泛地种植，但是在寒带地区花瓣的颜色会有一点变化。辛夷花名的来历是因为花蕾的形状像手掌。

○**种植时期**——2月下旬至3月是种植的适宜期。日本关东地区以西12月也可以种植。

○**较适宜的种植场所**——要选择日照条件良好、湿润的地方进行种植。有草坪的庭院较为合适。

○**施肥的方法**——2月和9月两次施肥，在有机肥料中加一些骨粉。植株周围施两把左右即可。

○**修剪的技巧**——在落叶期可以将徒长枝或者扰乱树形的枝条进行去除。

辛夷或者木兰要带土球栽种

辛夷或者木兰等木兰科的景观用树，根系生长较慢，因此在种植的时候要注意保护其根系。在苗木进行种植的时候使用"用水"法进行种植，但是辛夷或者木兰等细小的根系较少的树种应当使用"用土"法进行种植。因为辛夷或者木兰根系的吸水作用很弱，如果使用"用水"法进行种植，会造成根系腐烂。

栽种用的树穴如果挖得较浅，苗木的根系会向四周散开生长。这个时候为了可以让各根系之间能放入足够的土壤，可以用木棒等工具一边夯实土壤，一边将土壤继续回填到树穴中。种植作业结束之后，要给予足够的水分（在植株周围打造一个小水槽，将里面填满水）。

想培育小型树形，要在开花后进行重度修枝

在庭院中种植木兰的时候，一般将树高控制在5—6m，但是也可以根据庭院空间的大小适当控制主枝生长，来调整植株的高度。主干开始分枝横向展开生长是辛夷的一个特性，但是如果侧枝生长得过长，可以在花期结束之后立刻对其进行重度修剪，进行树形的梳理。但是这一操作一定要在萌发之前进行，否则就会长出新枝。

辛夷的花芽也会在新生长出来的枝条上进行分化（6月中旬至7月中旬），所以一定不要对新枝进行修剪。

只需要对徒长枝进行回缩修剪即可

辛夷与其他的庭院树木相比是更容易保持树姿呈自然形态的树种。因此，一般也不对辛夷进行过细的修枝。

秋季会有长度10cm左右的大叶子落叶，此时能够清晰地看到树枝的形态。从这个季节到次年2月中旬是对辛夷进行修枝的好时期。枯枝或者扰乱树形的树枝等可以从根部将其去除掉。

● 修形的要点 ●

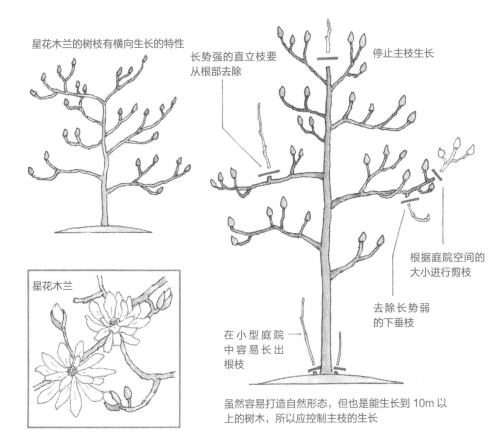

星花木兰的树枝有横向生长的特性

长势强的直立枝要从根部去除

停止主枝生长

根据庭院空间的大小进行剪枝

去除长势弱的下垂枝

在小型庭院中容易长出根枝

星花木兰

虽然容易打造自然形态，但也是能生长到 10m 以上的树木，所以应控制主枝的生长

虽然辛夷很难生长出徒长枝，但是也有和徒长枝类似直立生长的枝条，一旦发现这样的枝条，也应该立刻从根部将其去除。

去除根枝保证树形美观

　　从树根部分会长出根枝。一旦发现根枝，应立刻将其去除，以便保持树木的长势。根枝会在长势较弱的植株周围出现，因此，这也是花后追肥的一种判断方法（可根据植株的长势强弱，判断是否对其进行追肥）。

> **适合小型庭院的星花木兰**
> **（日本毛玉兰）**
>
> 　　星花木兰也被叫作日本毛玉兰，树高没有玉兰树那么高，叶子的大小也在 6—7cm，属于小灌木，开出白色的花瓣以及分裂出 12—18 片的花萼，和玉兰一样具有浓郁的芳香。树形的打造和玉兰一样，是适合栽种在狭小庭院空间的花木。

107

樱花树

在山间野生的樱花树虽然有 20 多种，算上变种以及园艺品种，樱花树的种类能达到 1000 多种。在这些品种里面园艺品种"染井吉野"（吉野樱）是较多被种植、受广大樱花爱好者喜爱的代表性品种。

○**种植时期**——从 2 月开始到开花前的期间以及 12 月是种植的适宜期。开始萌芽的苗木尽量避免移栽。

○**较适宜的种植场所**——光照条件良好，适合栽植于深厚、肥沃而排水良好的土壤。

○**施肥的方法**——2 月和 8 月上旬，可以施同等比例的有机肥料和化学复合肥料。

○**修剪的技巧**——多余的枝条在还很细的时候即可进行修剪，切口处一定要涂抹防腐消毒剂。

放任樱花树自然生长能够打造出自然树形，如果作为庭院树木要进行修剪

在公园或者堤坝等地方种植的樱花树可以放任其自然生长，不需要对其进行特定的修剪。但是，如果种植在不希望樱花树长得过大的一般庭院空间中，就必须对其进行修剪。

古话说"不修樱花，修梅花"，自古以来樱花树就是一直不提倡修枝的花木。主要原因是切口很难愈合以及容易造成腐烂。良好的修枝方法，使樱花树不会出现枯枝的现象。

○**樱花树修剪的时机和修枝的技巧**樱花树发芽前这一时期是修剪的好时机。切口的位置是一定要在长势很强的枝芽上方 7—8mm 处进行剪枝。修剪后的伤口要涂抹墨汁，并且涂抹较厚的接穗蜡等防腐剂，防止雨水侵入。

○**摘芽也是有效的整姿方法**樱花树是比较容易修形的树种。多余的新芽如闩枝芽等在很小的时候，就可以将它们修剪掉。这一时期因为创伤面很小，所以不需要涂抹防腐剂。

其他树干里面的细枝或者干枯的枝条，或者从树根部分长出的根枝，一旦发现，也应该尽早修剪掉。

病菌从修枝切口进入树体后，腐烂的枝干在冬季进行修剪

有时候可能会出现从创伤面开始腐烂的枝条。如果放任不管，腐烂状态会越来越严重，可能会引起整株枯死的情况。

○**修枝的时期和方法**樱花树的修枝可以在树液的流动大体已经停止的 12 月至次年 2 月上旬进行。

应尽量在枝条的根部将多余枝条修剪掉。但是如果想对第二主枝那种较为粗大的枝干进行修剪，方法与树木卸枝（将枝干较长的部分进行第一次修剪，然后在保留的部分进行第二次修剪，将枝条全部去除）的要领相同，可以使用同样的方法对树枝进行修剪。

● **中间枝的回缩修剪** ●

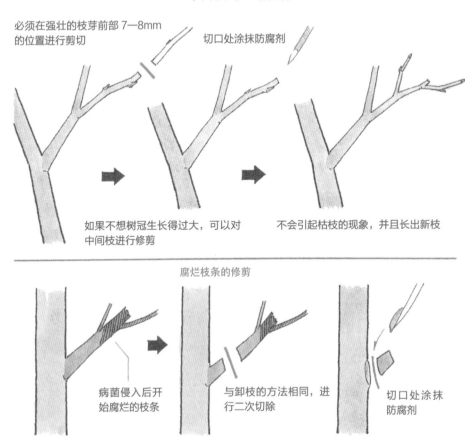

必须在强壮的枝芽前部 7—8mm 的位置进行剪切

切口处涂抹防腐剂

如果不想树冠生长得过大，可以对中间枝进行修剪

不会引起枯枝的现象，并且长出新枝

腐烂枝条的修剪

病菌侵入后开始腐烂的枝条

与卸枝的方法相同，进行二次切除

切口处涂抹防腐剂

将枝干修剪之后，使用切口刀或者雕刻刀将创伤面修整平滑，然后较厚地涂抹上防腐剂。

得了"外囊菌病"（天狗病）的处理方法

在枝条的根部形成囊肿，这种在长势弱小的枝条上多处发生的病变就是"外囊菌病"。如果在树干较高的位置发生这种病变的话，看上去感觉有天狗在树上的视觉印象，因此这病也被叫作天狗病。

这种病变部分长出的枝条完全不会长出花芽。如果病变继续恶化，在樱花树叶的下叶面会长出白色的粉末，随着时间的推移，叶子会变成黑褐色，有的甚至导致树木的枯死。

○**处理方法**可以在落叶期将病变枝条从根部进行去除，然后焚烧。切口处可以涂抹一些苯菌灵等杀菌剂，然后在杀菌剂上面涂抹防腐剂。

石榴树

发芽较晚的石榴树枝上长出绿色小芽的时候已经是初夏，朱红色的花朵接连地开放。石榴树的花朵呈单瓣开放，花谢后会结出果实，到了秋天，果实会变成红宝石的颜色并且裂开。

○**种植时期**——抗寒能力较弱，因此在气温变暖后的 4 月中下旬进行种植。

○**较适宜的种植场所**——喜欢光照。树干成曲形或者倾斜状生长，因此最好作为庭院中的主要树种来培育。

○**施肥的方法**——3 月、6 月、11 月进行 3 次追肥。应使用磷、钾成分较多的肥料进行施肥。

○**修剪的技巧**——很容易长出根枝或者直立枝。一旦发现就要尽早去除。

种植的时候，要给予充足的基肥

石榴树是非常喜欢肥料的树种，如果是一般的施肥量，花芽的分化以及果实的形成都会很差。石榴树经常被说"能吃"，所以基本上没有烧根（肥料给得过多，出现根系腐烂的现象）的现象。

为了能让石榴树在春季发芽并且长出茂密的新枝，一定要施冬肥；6 月左右在花谢后为了有助果实生长也需要追肥；另外为了能让树木长势尽快恢复，在收获之后要进行追肥。所以为了能让石榴树良好地生长，每年至少要进行 3 次施肥。在肥料的选择上，可以使用氮肥成分较少、磷肥和钾肥成分较多的肥料进行施肥。

花开得越漂亮的石榴树不结果实

石榴树除了单瓣开花之外，还有重瓣开花，石榴花的颜色和形态也是多种多样。还有一种叫作石榴花的小乔木通常仅作为观赏用，并不结出果实。

如果想在庭院中种植一种既能欣赏到花，又能收获果实的石榴树，可以选择购买种植一些开单瓣花的石榴树。

果实呈红色的有"御石榴"或者"天红蛋石榴"，另外还有果皮呈黄色的"白石榴"等品种。可以选择自己喜欢的品种进行种植。

只开花不结果的花与可以结果的花的分辨方法

石榴树通常是在春季开始长出新枝，在新枝的梢部长出花芽并分化，次年开花。但是，不论是单瓣的花，还是重瓣的花，不是所有的花都能结出果实。主要因为石榴花有两种，一种是只开花不结果的，另一种是既开花也结果的。分辨的时候可以观察开花时花萼的部分，会有两种情况，一种是花萼呈现凸起的状态，另一种是花萼呈现细长的状态。如果是没有呈现凸起（子房）的花朵，那么这样的花也不会结出果实，被叫作"不育花"。开花后不久花瓣会逐渐脱落，因为这种"不育花"不会结出果实，所以也不必担心。

基本树形和修剪

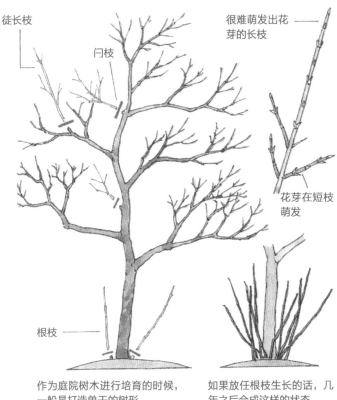

徒长枝

闩枝

很难萌发出花芽的长枝

花芽在短枝萌发

根枝

作为庭院树木进行培育的时候，一般是打造单干的树形

如果放任根枝生长的话，几年之后会成这样的状态

子房

容易结果的花

不结果的花

另外，石榴树属于异花结果植物，所以即使不特意进行人工授粉，只要让树木长势良好，就会结出果实。

对徒长枝以及根枝进行去除即可

竖直生长的徒长枝会从各个地方长出来。石榴的花芽会在很短的枝条上生发，因此石榴树的修剪应当在落叶期进行。在保留枝条的4—6节处进行回缩修剪即可。

一般来说石榴树的植株有丛生花木的特性，因此根枝等会很快地生长出来。针对这种情况，一旦发现有根枝，应当在幼苗期将其从根部去除。

具有代表性的石榴花

○ **朝日石榴花**花瓣呈红色，重瓣，花瓣较大。

○ **后绞石榴花**花瓣呈红色，重瓣大朵。开花后 2—3 天会出现白色的卷瓣。

○ **更纱石榴花**花色有红色和白色，花期较长。

○ **五彩石榴花**花瓣呈白色、红色。

○ **白狮子石榴花**白色重瓣，外花瓣卷起。

▲ 竹叶草 ▲

竹叶草作为庭院景观的露面覆盖、修边、地被装饰等在庭院景观植物中扮演非常重要的角色。竹叶草种类丰富，叶子的形状也多种多样，因此作为庭院的辅助性景观植物最好慎重地选择。竹叶草的养护不像树木那样复杂，这也是它的一个主要特点和魅力。

○种植时期——3 月中旬至 4 月是种植的适宜期。如果是幼苗，也可以在秋季种植。

○较适宜的种植场所——选在湿润的地点种植。在干燥的地点种植，叶色会变得很差，长势不良。

○施肥的方法——需要注意的是，如果肥料给予过多，会造成徒长，因此在春季只需要给予少量肥料即可。

○修剪的技巧——在 5 月长出新芽的时候进行摘芽作业，打造自己喜欢的植株高度。

挑选与庭院空间环境相协调的竹叶草种类

竹叶草的种类很多，因此在种植竹叶草的时候，首先要结合种植的地点和种植的目的选择合适的种类。

举一些有代表性的例子。进入晚秋以后，可以在叶子的边缘看到白色小圈的赤竹，虽说可以欣赏到叶子的变化，但是因其叶形较大，如果养护管理粗放，叶片就会长到 1m 左右，因此赤竹并不适合在小型的庭院种植。

小型的竹叶草有很多种类，如维氏熊竹叶草、柳叶箬竹叶草、青苦竹竹叶草、屋久岛竹叶草、日本倭竹等很多品种。在这些品种里只有日本倭竹是竹子属。

根系移栽的时候，种植不要过于疏散

在种植竹叶草的时候，有根系移栽和幼苗移栽两种方法。根系移栽的时候，尽量选择根数较多、树龄较小的竹叶草进行移栽，因为这样的竹叶草生长速度也较快。在距地面 30cm 左右的地方进行剪切，然后将根系埋入土壤中 10cm 左右即可。在栽植的时候如果过于疏散，就会很难形成竹叶草茂密的生长状态。因此，根系移栽的时候很重要的一点是，根系和根系的间隔在 7—8cm 是比较合适的。

越是新生的竹叶草在根系附近的叶子长势就越好，还小的叶子能在地面空间伸展开来，很适合在玄关附近进行列植。

如果不想让竹节长得过高，应在春季进行摘芽

作为庭院中景石的周边修饰也好，还是作为地被景观打造也好，如果竹叶草的竹节长得过高，作为装饰的功能就会变弱。在这个时候，可以对其进行摘芽作业。

摘芽作业是指，在新的叶芽还没有展开处于卷曲的状态时，用指尖将其摘除的方法。

● 较低树形的打造方法 ●

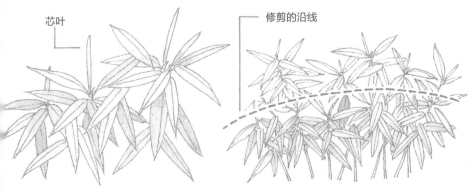

芯叶

修剪的沿线

竹叶草会在早春的时候生长出芯叶，这时候如果用手将其摘除，竹叶草就不会长高

如果竹节生长得过高，可以在早春沿着自己喜欢的位置对竹叶草进行修形

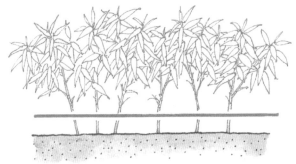

植株越老，出芽率就越低，新叶就会越来越少

三年生左右的竹叶草可以从植株根部剪除，进行自身的更新演替，之后水灵灵的新叶会长得很茂盛

经过摘芽的枝条因为芯叶被摘除就会停止生长，这样就可以保持竹叶草在庭院空间中较为理想的植株高度。

这样的养护管理经过几年的反复操作，叶片会变小，形成小而整齐的株形。

出现长势较高的竹叶草，可以将过高的部分剪除，进行生长的更新演替

如果因为忙碌没能对竹叶草进行摘芽作业，造成其长势过于茂密，这个时候可以将过高的竹叶草剪除，进行植株更新演替。剪除之后的竹叶草还会长出新芽，在 3 月中下旬可以将三年生以上的老旧竹叶草进行剪除。修剪的高度在 15cm 左右，这样进入 5 月以后，新芽会生机勃勃地重新生长。在这一年需要在植株周围追加一些油渣类肥料。

山茶花

随着季节变化，晚秋的阳光照入庭院中，山茶花也会释放出淡淡的甜香。山茶花的花和叶子的形状很像茶梅的，因此也有"山茶花开，秋雨寒"的诗句，意境中给人淡淡的忧伤。

○**种植时期**——4月下旬至5月。大约在樱花落了之后的时节。

○**较适宜的种植场所**——光照、排水良好的土壤环境。在寒带地区要注意北风对山茶花造成的冻害。

○**施肥的方法**——2月的冬肥以及9月左右的秋肥，施一些含磷量稍多一点的肥料。

○**修剪的技巧**——在花谢之后，对树形进行适当的回缩修剪即可。

秋季种植的时候，要进行支柱固定

山茶花一般在气温已经升高，不再出现霜冻的季节进行种植。但是，9—10月中旬的季节也可以进行山茶花的种植，在这个季节种植山茶花的时候最好用较粗的支柱对其进行固定。

在冬天对山茶花使用支柱固定，高度大约和苗木的高度一样。另外，被冬季干燥的北风吹到会影响根系的生长，因此要注意树木根部水分的供给。

在幼苗期要让枝叶充分地生长

山茶花的生长速度虽说要比茶梅快，但却不如其他花木的生长速度。在树木的幼苗期不要因为追求树形而过多地对其进行修剪，应让枝叶自由生长，确保树木的整体长势。

花谢之后应马上进行修剪

如果花谢之后放任其生长的话，不仅枝条会长得过长，在枝根部也会渐渐地开不出花。因此一定要进行修剪。

在保留开花枝的3—4个芽的部分进行回缩修剪。如果有影响株形的徒长枝，影响光照和通风的缠绕枝或者腹芽出现，可以将其修剪掉。

在打造自然形树形的时候，要尽量避免重度修剪。

想进行山茶花的修形，要在3月下旬进行修剪

与茶梅相比，山茶花的发芽率好，叶形也较小，叶子数量也很多。因此除了打造自然形的树形之外，还可以打造圆筒形，或者将山茶花打造成花墙的形状。

对山茶花进行修剪最好在3月下旬至4月上旬，一定不要弄错修剪的季节。

花芽的分化在6月中旬至7月下旬进行。因此不要对新枝进行修剪。

● 花谢之后的养护管理 ●

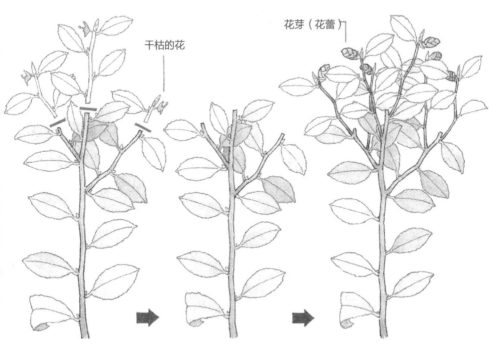

干枯的花

花芽（花蕾）

如果花谢之后放任其生长，顶芽会长高，花也随之长高

花谢之后，在保留开花枝的 3—4 个芽的位置进行回缩修剪，这样新枝就会长出来

茂盛的新枝的梢头会长出花芽（花蕾）

树形的打造

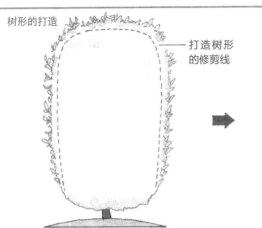

打造树形的修剪线

根据不同的修剪目的、手法、程度，即使打造人工形的树形，也要在花谢之后进行修剪

圆筒形的修剪形式。山茶花在花池、花坛等地方被利用的频率也很高

紫薇

深褐色光滑的树干，被称为"连猴子都会打滑的树"，别名也叫"百日红"，意思是花期在 100 天左右。7—9 月的盛夏长长的花穗会持续生长。

○**种植时期**——3—4 月上旬进行种植。如果发芽在 4 月中旬以后，则说明种植期晚了，但是严禁过早种植。

○**较适宜的种植场所**——典型的阳性树。喜欢日照条件、透水性好以及较为温暖的场所。

○**施肥的方法**——2 月和 9 月可以给予一些磷成分较多的肥料。

○**修剪的技巧**——让粗壮的枝条上长出茂密的新枝。细枝是多余枝条，将其修剪。

不是从幼苗期开始就是树皮很光滑的树种

众所周知紫薇独特的树干，但是这一特性并不是从幼苗期或者苗木期开始就是这样的，甚至在幼苗期紫薇的树干是干燥且粗糙的。

当树皮脱落，树干变得很光滑是在 5—6 年，初期呈现的是树皮部分脱落，2 年左右树干就很荣幸地变成"连猴子都会打滑的树"。

与石榴树一样，紫薇是出芽较慢的花木

枝梢的新芽开始生长的季节在 4 月中下旬。这个季节对于其他的树木来说已经是长叶的季节了，紫薇可以说是发芽非常晚的花木。进入 5 月之后，新枝忽然会非常快地生长，形状好像弯弓状的长枝向四周伸展开来。但是，如果就此放任其生长，细枝就会不断地茂密生长出来，造成不开花的现象。

让紫薇开花的技巧是尽量在前一年进行重度修剪

落叶树的修枝一般在 12 月至次年 2 月中旬进行，但是因紫薇的抗寒能力较弱，如果在冬季进行剪枝的话，会造成枝条枯死的状况。因此，应当在发芽之前对其进行回缩修剪。所以，修剪的适宜期是在 3 月中上旬。

○**如何让新枝的长势茂盛**紫薇的修剪主要是对前一年生长出来的枝条进行回缩修剪，修剪时不能因为舍不得而优柔寡断。必须在保留枝条根部较短的位置进行修剪，只有这样才能在枝条根部长出新枝，开出又大又美丽的攒簇花朵。

粗枝的前端部分出现囊肿的处理方法

一年生枝的修剪在重复了 3—4 年之后，如果在粗枝的前端部分形成不太美观的囊肿，可以将囊肿部分切除，同时将老旧枝条一并修剪掉。让树干生长出不定芽，然后再度对树姿进行恢复修整。

能让花开得更好的修剪方法

去除枝梢的囊肿的修剪

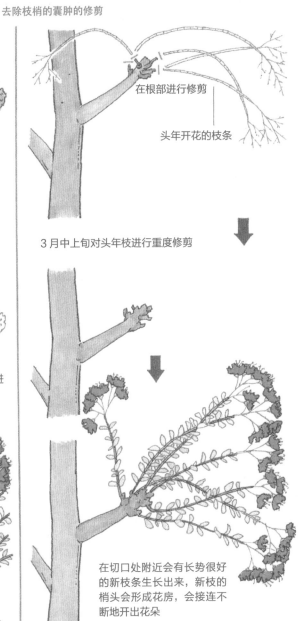

在根部进行修剪

头年开花的枝条

3 月中上旬对头年枝进行重度修剪

在切口处附近会有长势很好的新枝条生长出来，新枝的梢头会形成花房，会接连不断地开出花朵

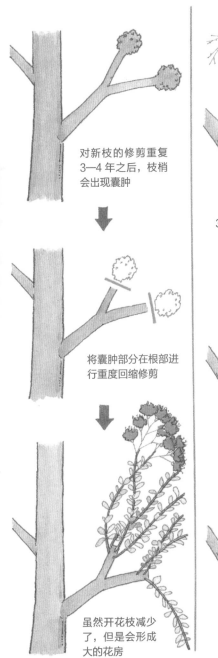

对新枝的修剪重复3—4 年之后，枝梢会出现囊肿

将囊肿部分在根部进行重度回缩修剪

虽然开花枝减少了，但是会形成大的花房

日本绣线菊

5—6 月爽朗的季节里日本绣线菊淡红色的小花散开成片开放，花姿十分美丽。

○**种植时期**——在 2—3 月或者 11—12 月的落叶期可以种植。

○**较适宜的种植场所**——选择稍微湿润并且日照条件较好的地方进行种植。最好是腐殖质较为丰富的土壤。

○**施肥的方法**——2 月左右可以施冬肥，在 8 月中旬可以追肥。选择氮含量较少的肥料。

○**修剪的技巧**——会在春季生长的新枝上开出花朵，所以要在发芽之前对树形进行修整。

种植与庭院空间大小合适的日本绣线菊的方法是短截和疏枝

日本绣线菊株形呈丛生状，枝叶向外扩展，在枝梢开花。即使不需要对其进行特别的养护管理，也能形成自然形态的株形，但是如果枝条长得过密，就必须对其进行修剪。

○**修剪的时期**最好在发芽之前的 3 月左右，将老旧枝条从根部去除，对于过于茂盛的部分可进行疏枝修剪。

在这一时期也可以进行植株整体的树形修整，但是如果修剪程度过重的话，就会失去日本绣线菊原本的野趣，因此最好用剪枝剪对其进行回缩修剪。

开花变得不好的老枝，通过修剪会变得年轻

在发芽之前即使对树姿进行修整，在植株的中间部分也会有很多老枝生长出来，影响日本绣线菊的开花。

如果想使植株变得年轻，可以让枝条复壮更新。通常情况下 4—5 年进行一次。

○**修剪的时期**11 月或者次年 2 月左右是较为合适的时期，对地表附近的植株进行整体切除。进入 4 月之后，新枝就会开始生长，在那一年就看不到日本绣线菊开花。但是，这是让植株返老还童复壮更新的必要手法。

想增加植株数量，可以对其进行分株处理

日本绣线菊是丛生的，因此可以进行分株处理。但是如果像草本植物那样将根系全部挖出进行分株，会给根系带来很大伤害。

分株的技巧是将植株去除一半后挖出，然后进行移栽。最佳时期是在 3 月，先将植株从地表算起修剪去一半左右，再用铁锹将其从土中挖出。

保护好根系土球，在日照条件良好或者湿润的地方进行栽植。进入 4 月之后，就会生长出新芽。

● **植株更新的方法** ●

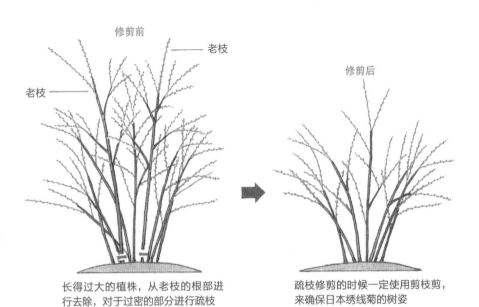

长得过大的植株,从老枝的根部进行去除,对于过密的部分进行疏枝

疏枝修剪的时候一定使用剪枝剪,来确保日本绣线菊的树姿

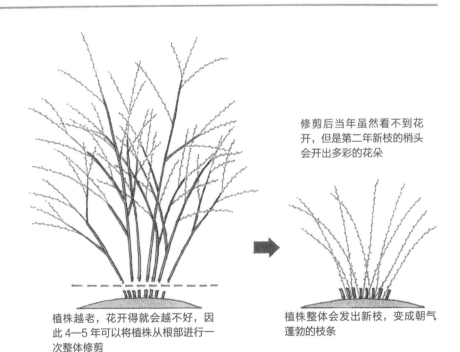

植株越老,花开得就会越不好,因此 4—5 年可以将植株从根部进行一次整体修剪

修剪后当年虽然看不到花开,但是第二年新枝的梢头会开出多彩的花朵

植株整体会发出新枝,变成朝气蓬勃的枝条

映山红

作为庭院树木欣赏的品种主要是改良后的品种西洋映山红，它的开花数量非常大。

○**种植时期** —— 3月上旬至4月是种植的适宜期。避免在温度低的时候进行种植。

○**较适宜的种植场所** —— 选择日照条件以及透水性较好的地点。根系的生长比较浅，因此不适合干燥的环境。

○**施肥的方法** —— 注意施冬肥和花谢后的追肥。注意避免含有氮成分较多的肥料。

○**修剪的技巧** —— 不需要特殊的修剪。根据发芽的状态，对树姿进行养护管理。

培育出有生机的映山红的技巧是防止枝干周围土壤干燥

经常会听别人说"家里的映山红枯了"。仔细询问才知道，很多情况是在盛夏或者冬季，干燥造成映山红的枯萎。

映山红的耐旱能力很弱，因为根系生长得较浅，如果种植的地点不好，就会影响它的生长。因此如果担心映山红的生长，就要必须考虑映山红抗旱的对策。

○**保护根系周边**在夏季以及冬季的干燥期，植株的周围可以铺垫一些柔软的干草，厚度最好在10cm左右。在干草的周围打造一圈水槽(较浅的水沟)，注意要时常给予水槽充足的水分。另外，在夏季的傍晚可以给枝叶整体喷洒水分，提高空气中的湿度也是非常有效的。

○**设置庭院景石**如果感觉映山红的叶子长势没有朝气和活力，也不开花，不用考虑太多，直接将庭院景石铺在植株的周围，也会在枝头生出花来。

这是因为铺设了景石以后，土壤不容易干燥，保持住水分，帮助了映山红的生长。

○**生芽的方法**进入10月之后，会在枝梢看到若干的芽。这样的花芽中心饱满而鼓起较大的芽，到了第二年，就会形成花朵。虽然这样，仍然需要将这些芽进行摘除。用手指就可以轻轻地将它们摘掉。

在较大的芽周围会生长一些小芽，这些小芽会作为新枝开始生长。可以将其作为小枝进行培育。如果将这样的生芽作业重复操作，就可结合种植空间的特点让枝叶生长得更为茂密。

通过反复的去花操作能培育出良好的树形

花期结束后，去花也是花木养护、管理中很重要的一部分。对于映山红来说，也是一项绝对不可以缺少的养护作业。如果放任其自由开花的话，就会形成种子，这样不仅会让树木长势恢复得很慢，也会造成在花房根部的新枝不生长出来。

❁ 开花的方法和防止隔年开花的方法 ❁

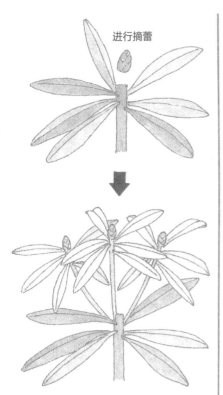

如果在秋季将一部分的花蕾进行摘除，第二年的新枝上就会长出更好的花蕾并且开花

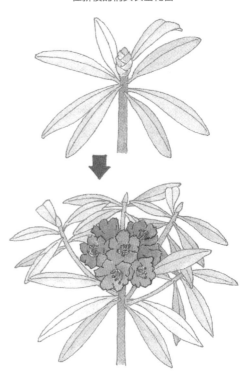

花期要结束的时候新枝会生长，在新枝的枝条处会形成花芽，但是开花枝会因长势衰弱而产生花芽不进行分化的现象（也叫隔年开花）

　　因为映山红的花芽是在新枝的梢头进行分化的，如果新枝生长不出来，就不会生长出分化成花蕾的花芽。不进行去花，也在很大程度上妨碍了对整体树形的打造。

○去花要尽早进行 去花作业不要等到所有的花都谢了的时候再进行，还在犹豫"是不是还有点早啊"的时候就进行去花作业是最有效果的。这样也有利于维护树木的长势，新枝的生长也能更顺畅。

瑞香

进入 3 月中旬以后，不知从哪里会飘来甜甜的芳香，既不浓烈，也不清淡。瑞香花不是很鲜艳的花，但是攒簇生长的花朵每年春天都散发出甜甜的芳香，因此非常有人气。

○**种植时期**——3 月中旬至 4 月之间。种植时苗木越小，根系生长越好。

○**较适宜的种植场所**——选择阴凉处种植。避开光照过强或极阴环境。

○**施肥的方法**——在冬季以及入秋后要施一些含磷酸成分较多的化肥。

○**修剪的技巧**——会自然地形成自己特有树形，因此注意切干枝的修剪和保持树冠间的通风性即可。

与良好的光照相比，应更注意土壤的含水量

很多瑞香爱好者会有这样的体验，每天都开得很好的瑞香，叶子突然变黄，随即枯萎。长势茂盛且叶片厚实的常绿瑞香，第一眼看上去会让人感觉结实。但是，瑞香唯一的弱点，就是如果根系部分过于湿润，会造成烂根的现象。从枝梢附近叶片开始会变黄，几天时间叶片开始脱落，这时候生长就已经很难恢复了。

即便是幼苗，在种植的时候也应该尽量不要破坏土球。另外，种植的地点即使非常理想，如果要是担心土壤的透水性，为了确保安全成活，也可以打造出 20—30cm 高的土堆进行堆植。

不需要进行特别的修剪，就可以保持自然的树形

瑞香在花谢之后，花下面的叶腋处会有 3—4 根新枝生长出来，会让茂密的半球形树姿显得更为茂盛。瑞香是树高 1m 左右的常绿小灌木，虽然放任其生长也不会有问题，但是如果出现长势过于茂密的部分，可以对其进行疏枝修剪，并不需要进行整体修剪。需要注意过度担心长势而对其进行修枝，会造成树势的衰弱。

根据庭院空间大小的不同，有时不想让植株长得过大。这时候，可以在花期结束之后立刻将一年生枝进行回缩修剪。这样会使老旧枝条的叶腋处生出 2 个新芽，借此打造出较矮的植株。

但是需要注意的是，如果修剪的时机过晚，在新枝还没有成熟的时候，就进入花芽的分化期（7 月中旬），这样会造成第二年看不到瑞香开花。

● 打造株高较矮的修剪方法 ●

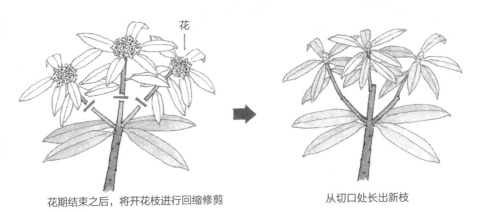

花期结束之后，将开花枝进行回缩修剪　　　从切口处长出新枝

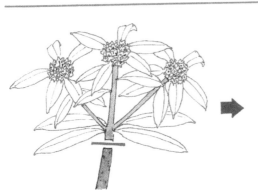

如果树木长势够强大，三年生枝也会长出新枝

这样一来可以打造很低的株形

应谨慎地对瑞香的成株进行移栽

瑞香属于直根系花木，因此细根较少，这就造成瑞香的植株长得越高大，根系部分就越难附着宿土。因此即使很小心地将其从土中挖出进行移植，也会对根系造成很难恢复的损伤。

如果想要对瑞香进行移植，要选择 6 月的高温、潮湿的季节，根系附着的宿土土球要尽量大一些，连带土球一并挖出，在移植之后要用支柱对其进行固定。

瑞香的变种

○ **蔷薇瑞香**与普通种类的瑞香相比，花色更淡，花姿更柔美。

○ **纯白瑞香**花呈纯白色，是非常珍贵的品种。

○ **毛瑞香**花色和常见瑞香花色相同。叶子上有淡黄色的轮斑，果实较少。

草珊瑚

可以观赏到草珊瑚红色成熟的果实,适合阴凉的小型庭院种植。年末、年初作为吉祥之物被广泛使用。

○**种植时期** —— 4月中旬至5月。抗寒能力较弱,因此种植的时候要注意气温。

○**较适宜的种植场所** —— 对阳光的直接照射的抵抗能力很弱,因此种植的时候要选择阴凉处。

○**施肥的方法** —— 施肥过多会造成生长不好。施肥时使用骨粉等少量肥料即可。

○**修剪的技巧** —— 针对结出果实的枝条进行修剪,之后就会长出新枝,形成枝条的更新。

种植在光照较强的环境下,绿叶容易变黄

一般情况下草珊瑚所结出的果实呈红色,因此经常作为庭院中的重点植被进行打造,需要特别注意的是选择合适的地点进行种植。

一定要选择建筑物东侧这样可以照射到清晨的阳光,或者选择下午能够完全形成阴凉空间的地点进行种植。如果光照过强,时间过长,很容易造成草珊瑚绿色的叶子变黄,或者影响整株草珊瑚的生长。

黄果草珊瑚以及斑纹草珊瑚应注意保护

如果从果实的颜色来分类,草珊瑚可以分成红色品种和黄色品种。从叶片的特性来分类,可以分为绿色无花纹和有斑纹两种。黄果草珊瑚虽然也是很有品位的一个品种,但是与红果草珊瑚相比,对日照的抵抗力、抗寒能力都非常弱。因此在冬季的时候需要在根部铺上厚的稻草等来保暖,防止冻害的发生。另外,斑纹草珊瑚的特性更弱,在此不建议种植。

株形越高大,越要注意培育精美的树形

草珊瑚本身是从土壤中直接生枝,因此这就顺其自然地让草珊瑚的株形成为自然形。另外,草珊瑚因其本身的生长特性不会形成枝繁叶茂的状态,所以不需要对其进行特别的修剪。也就是说,草珊瑚在养护管理上是不需要花费太多时间和精力的植物。如果非要对其进行回缩修剪或者树枝修剪,反而会影响草珊瑚的生长,造成生长缓慢的问题。

作为插花材料时,要使用从根部剪切的老旧枝条

草珊瑚与松枝的搭配经常用于正月期间装饰的花材,这时候可以使用长得较长的老枝,更多地保留新枝。这主要是为了重点培育那些还未结出果实的新枝在第二年能更好地生芽。

想增加植株数量的时候进行分枝

从已经变色的果实中取出种子,将其包裹好放入土壤中之后,第二年的4—5月就会发芽。但是,如果植株足够大,可将4—5棵分为一株,这样可以更早地欣赏到草珊瑚的果实。

◉ 种植和分株的方法 ◉

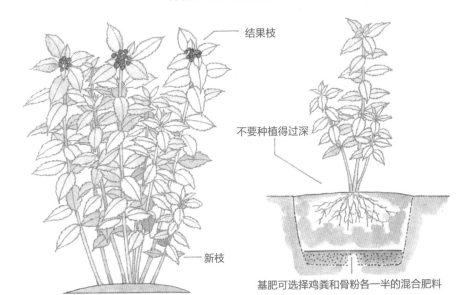

结果枝

新枝

不要种植得过深

基肥可选择鸡粪和骨粉各一半的混合肥料

不需要特别的修剪，每年要将结果枝
从根部进行切除，培育新枝

去除宿土，伸展开根系进行种植，需要经常
浇水，直到根系生长出来为止

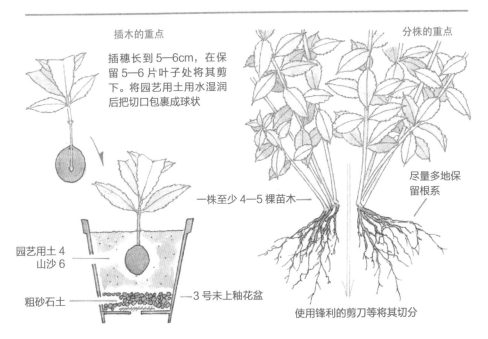

插木的重点

插穗长到 5—6cm，在保
留 5—6 片叶子处将其剪
下。将园艺用土用水湿润
后把切口包裹成球状

园艺用土 4
山沙 6

粗砂石土

——3 号未上釉花盆

分株的重点

——一株至少 4—5 棵苗木——

尽量多地保
留根系

使用锋利的剪刀等将其切分

苏铁（铁树）

苏铁具有光泽的羽状树叶在树干的上部茂密生长，向着四周展开树姿，能够打造出极富南国情调的庭院环境。喜暖热湿润的环境，不耐寒冷，生长较慢。

○ **种植时期**——可以在 5—8 月之间进行种植。在温度较低的季节种植容易枯萎。

○ **较适宜的种植场所**——温暖地区的光照条件，排水良好的砂质壤土最为适合。

○ **施肥的方法**——5 月左右将有机肥料手抓两把左右，混合到浅土层即可。

○ **修剪的技巧**——将老旧枝叶去除即可，不需要对其进行特别的修剪。

栽植的时候要特别注意土壤的透水性

虽然苏铁抗旱，但是如果在排水不良且潮湿的环境下，就会造成苏铁的生长不良，严重时造成根系腐烂。在苗木种植的时候，即使是光照条件较好的空间，也要保证良好的透水性。

○ **堆土种植**如果在种植地点做一个 20—30cm 的土堆，会很好地提高土壤的透水性。当土质很硬（黏性土质）的时候，可以掺入一些砂砾质土壤。

○ **堆石种植**在移栽之前，在周围用石头堆成圆圈，填入土之后将苗木种植到里面。雨水等水分会很快渗透出去，不会对根系造成损伤。

无论哪一种方法都可确保根系尽快生长。

另外，与种植 1 棵苗木的孤植相比，选择不同树高的 3 棵苗木进行丛植，更符合西洋庭院景观的特点。

树形的修剪只要进行老枝残叶的修剪即可

新叶的发芽是在 6 月左右，到那个时期老旧的叶子会垂落下来，很不美观。如果出现这样的状况，可以将老旧的叶子从根部进行修剪，保证树姿的整体美观。

花谢后应及时进行修剪

苏铁本身是雌雄异株，因此 8 月左右会在顶部开花。雌株在花期过后会形成朱红色扁平的果实。雄株的上边会长出 40cm 左右的花穗，那是雄花的花朵，不是结出的果实。

不论是花穗还是果实，都没有太大的欣赏价值，应该在其很小的时候将其去除，防止树木长势的衰弱。

如果想要培育苏铁幼苗，将雌株结出果实的皮剥掉，取出 2cm 左右的种子，将其种植在砂质壤土或者透水性较好的土壤中。2 个月左右就会发芽。

● 种植方法与养护管理 ●

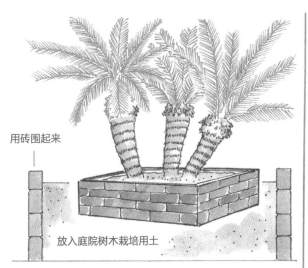

用砖围起来

放入庭院树木栽培用土

垒砖进行土台种植的例子。使用自然的石头等
能打造出趣味感，又增加透水性的效果

新叶长出之前的状态

长 50—60cm 雄花的花穗

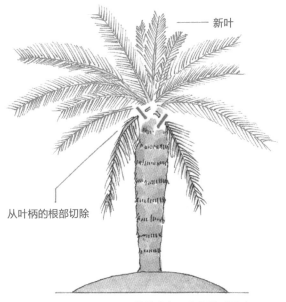

新叶

从叶柄的根部切除

随着在枝的顶部新芽的生长，老旧的叶子会
垂下来影响美观，将其切除

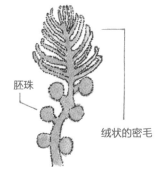

胚珠

绒状的密毛

在枝的顶部聚集在一起生长的雌花

玉兰

从初夏到梅雨期,会开出直径15cm的白色花朵。花瓣8—12枚。因为花朵开在短枝的梢头,所以十分醒目。生长速度较快,因其是大型乔木,所以在种植的时候需要保留足够的生长空间。

○**种植时期**——种植时期在5月或者9月。在能保证足够温度的季节进行种植。

○**较适宜的种植场所**——虽然半阴凉也可以生长,但尽量选择避开吹北风的空间进行种植。

○**施肥的方法**——施冬肥,在花谢之后要少量追加一些磷肥含量较多的复合肥料。

○**修剪的技巧**——在花期结束之后,或者在出花芽的10—11月对树姿进行修整。

最好进行单植,长势会很好

玉兰是树高可以达到15m的大型乔木。经常栽植在校园或者公园,玉兰长成的圆锥形、自然形是非常精美而且观赏价值极高的树形。在一般家庭的庭院中种植的时候,也是必须要选择在日照条件较好,且较为宽敞的空间中进行种植。

玉兰是叶子能够长到25cm以上的常绿树种,如果2—3棵在庭院中列植的话,随着树木的生长,在庭院中会形成树荫,从而会让庭院空间变得较暗。因此,在落叶灌木中种植1棵玉兰树是最佳选择。

小型玉兰的修剪方法

根据不同的修枝方法,玉兰也可以打造成在小型庭院中栽培的景观用树。

○**修剪的时期**在花期结束后(7月中下旬)或者在8月中上旬,分化的花芽完全成熟之后的10—11月是最佳的修剪时期。但是要注意不要让花芽散落到地上。

○**玉兰的修剪方法**主枝的梢头要进行重度修剪。在较长的枝条上是不会长出花芽的,所以可以从枝条的根部将其去除。每一根枝条一定要在分枝点的部分进行修剪,位置靠近下部的枝条可以保留稍长一些,以便调整树姿。

如果不想让玉兰的株高过高,可以对中心枝进行回缩修剪,在分枝处进行修剪会使树形显得更加自然。

另外,在玉兰树冠内生长的枝条如果没有良好的通风,也很难长出花芽。

如果叶片上长出黑色斑点,大多是吹北风受寒所致

栽植1—2年的越冬苗木的叶片上会长出黑色斑点。可能会被认为是出现了病害,其实这是寒冷的北风侵袭引起的冻害,这样也会影响玉兰在春季的生长。因此,不足1m的苗木一定要做好相应的防寒措施。

● 庭院中玉兰的基本修枝方法 ●

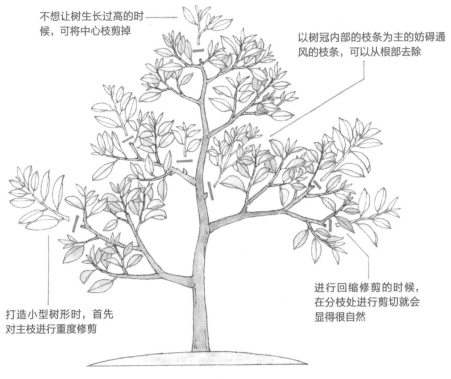

不想让树生长过高的时候，可将中心枝剪掉

以树冠内部的枝条为主的妨碍通风的枝条，可以从根部去除

打造小型树形时，首先对主枝进行重度修剪

进行回缩修剪的时候，在分枝处进行剪切就会显得很自然

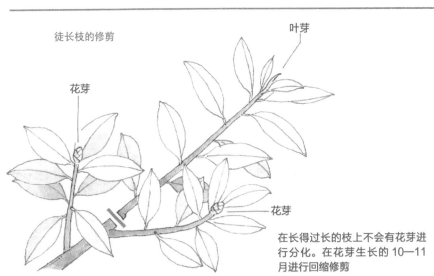

徒长枝的修剪

叶芽

花芽

花芽

在长得过长的枝上不会有花芽进行分化。在花芽生长的 10—11 月进行回缩修剪

竹子

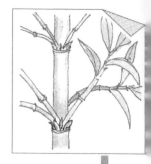

竹子的种类非常多，节间（竹子的枝干部分）和叶片的特性也是各不相同。因此，应选择适合相应竹子种类生长的空间进行栽植。除了丛生的竹子品种之外，其他的竹子品种都可以在地下生根并长出竹笋进行繁殖。

○**种植时期**——根据种类的不同，栽植的适宜期也不同。大致标准在竹笋出土前的一个月左右。

○**较适宜的种植场所**——竹子抗性较强，不择土壤，湿润的肥沃土地即可。

○**施肥的方法**——2月左右，在表土浅层翻新之后撒一些堆肥即可。

○**修剪的技巧**——可以放任其自然生长，但根据种植的空间不同，可以对中心枝进行适度修剪。

根据竹子种类的不同，种植的时期也不同

根据竹子的种类的不同，其特性也完全不一样。其中，最具有代表性的就是竹笋的生长时期。

比如，毛竹或者大竹的竹笋生长期在3—4月，火管竹和四方竹等品种的竹笋生长期是从立秋开始一直到冬季的这一段时间，因此这些品种的竹子在9—10月种植是最佳的。

应根据用途选择竹子的品种，考虑不同竹子的特性

正是因为竹子的种类繁多，所以它的用途也是各式各样。竹子作为庭院树木进行栽植的时候，能够发挥其自身的风格和精美的树姿是毋庸置疑的，但同时也要考虑到竹子本身的用途。

○**主庭**竹子最适合打造幽静的空间，给人以心情平静的感觉，打造这样的庭院最好选择日式风格和能体现出其存在感的毛竹或者大竹、龟甲竹等种类。小型的日式庭院最好使用淡竹或者金明竹来打造日式风情。

○**过廊**四方竹的特点是能够微妙地表现出四季的变化，利用四方竹这一特性就可以透过漏窗欣赏到四季变化的景色。另外，根据庭院空间的不同，使用大竹等种类来打造小型空间，也能营造出不错的氛围。

○**玄关两侧**蓬莱黄竹、布袋竹、业平竹等品种的竹子，其叶子呈现漂亮的黄色。选择这样的竹子打造出的空间能给人以雅致的感觉。

○**遮挡**叶片较小，并且生长茂盛的火管竹、唐竹、矢竹等最好作为列植进行栽植。

对于平顶形态的株形进行修形、组合搭配的时候应多使用业平竹或者唐竹

在一般家庭进行竹子栽植的时候，打造平顶形态的株形较多。列植设计下的空间给人清楚明快的感觉。这种造型不但适合日式庭院，在欧式庭院中使用也感觉不到任何违和感。

● 平顶形态的株形进行修形的方法 ●

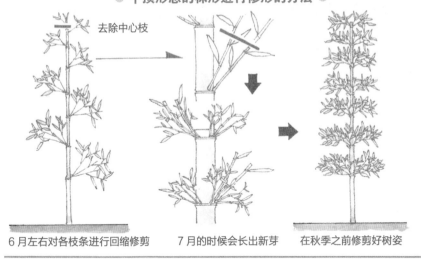

6 月左右对各枝条进行回缩修剪　　　7 月的时候会长出新芽　　　在秋季之前修剪好树姿

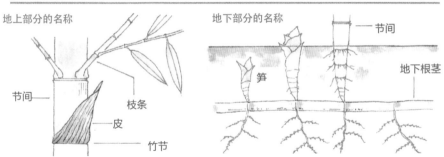

地上部分的名称　　　　　　　　　　　　地下部分的名称

节间　　枝条　　皮　　竹节　　　　　　节间　　笋　　地下根茎

通常来说这种形态下的竹子被称作"大名竹"，但这并不是传统的大名竹这一品种的竹子，而是在竹节处生出茂密小枝，从而形成层次感。也就是说可以人为打造出竹子层次感的一种竹子的种植形态。

在修剪的顺序上是当长出的竹子达到合适的高度之后对中心枝进行修剪，使其停止生长，然后将各节的枝条在 10cm 左右的地方进行回缩修剪，形成基本形态的株形。

从第二年开始将老旧枝条进行去除，新枝条用同样的方法进行回缩修剪。到第三年的时候就会形成较小的形态。从庭院内部眺望，或者从庭院外部眺望都能给人以精美的印象。

保持好新竹形态的技巧是及时对老竹进行修剪

所有的竹子类植物都有一个共同的特点，在生长 5—6 年时竹子间特有的光泽度会一点点消失，渐渐地显现成黑褐色。叶子的颜色也会逐渐变得不好，此时就需要修剪和养护。

为了确保竹子优美的形态，在长出笋后可以将老旧的竹子去除，让新生的竹子对其进行演替更换。根据庭院空间的大小调整竹子的密度和株数时也可以用这一手法。

杜鹃类

杜鹃的种类非常多，它的花期、花形、花色、叶子等特性也是各式各样，对其进行修剪之后花朵会长势非常好。因此，作为庭院花木是最合适的种类。在对苗木进行选择时，值得注意的是需要确认好花朵之后再进行购买。

○**种植时期**——3—6月，或者9—11月是种植的最佳时期。但要避开盛夏期和寒冬期。

○**较适宜的种植场所**——光照条件以及透水性良好的环境，杜鹃喜欢酸性土壤，所以不要对土壤进行中和。

○**施肥的方法**——花谢后以及8月下旬进行两次追肥，肥料是以油渣为主的有机肥料。

○**修剪的技巧**——花谢之后要立即进行修枝，并对树形进行调整。秋季可以进行轻度修剪。

应首先确定是常绿种类还是落叶种类，再进行种植

在庭院中想用杜鹃来打造多彩的空间时，需要非常谨慎地选择苗木。为什么会这样，简单地说，虽然都叫作杜鹃，但是根据它的特性可以分为常绿杜鹃和落叶杜鹃（也有半常绿种类的杜鹃，这种杜鹃在温带气候中不会落叶）。因此，在杜鹃栽种以及配植时，必须注意到这些特性。另外，花茎的大小以及花色相关的知识也应该多了解一些。

列举一些常用的杜鹃品种

○常绿杜鹃

锦绣杜鹃：花期在5月，花茎8—10cm，花呈紫红色。

粘鸟杜鹃：花期在5月，花茎5—6cm，花呈淡红色。

钝叶杜鹃：花期在4月，花茎5—6cm，花呈紫红色、白色。

日本云仙杜鹃：花期在5月，花茎2cm，花呈淡红色。

山杜鹃：花期在4—5月，花茎4—5cm，花呈红色。

日本岸杜鹃：花期在4—6月，花茎5cm，花呈淡紫色。

○落叶杜鹃

黄杜鹃：花期在4月，花茎5—6cm，花呈朱红色。

三叶杜鹃：花期在4—5月，花茎3—4cm，花呈紫色。

此外，还有皋月杜鹃等其他品种，有非常多的杜鹃品种作为园艺品种被培育出来，其花形、花色等也是多种多样。

为了能够发挥杜鹃的魅力，应尽量避免混栽

杜鹃的优点，简单地说就是开花量非常的多。在进行栽植的时候根据种植的地点以及园林

● 常绿杜鹃的修剪 ●

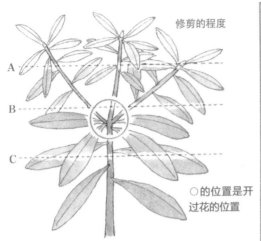

修剪的程度

○ 的位置是开
过花的位置

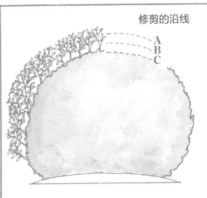

修剪的沿线

A
B
C

如果想要大一些的植株，可以进行轻度修
剪；想保持原有大小，可以进行中度修剪

修剪以后新枝的生长趋势

能够维持植株的大小

植株整体缩小

用途会进行相应的调整，尽量避免与其他树种进行混栽；或者最好是同一品种的杜鹃进行列植，
这样可以欣赏到意想不到的杜鹃花姿。

狭小的庭院空间里应配植叶小花小的种类，以便对空间进行调和

在公园中种植的杜鹃主要是锦绣杜鹃，这一种类的杜鹃株高能够达 2m 左右，冠幅也能伸展
得较宽。在空间相对较小的庭院中种植杜鹃的时候，应配植一些小叶并且便于修剪的杜鹃种类。
将其打造成低矮的株形，这样也不会影响到庭院空间的大小。

在种类上可以选择日本云仙杜鹃、深山雾岛杜鹃等；久留米杜鹃的"太阳""常夏""麒麟"
等园艺品种开花后能呈现出火红的颜色，也是非常有人气的品种。另外，皋月杜鹃里较多为矮
生品种，也可以大范围使用。

杜鹃类种植时应剥去土球进行植栽

杜鹃类的根系细并且很密，因此土球容易凝结得较为紧实。这样一来，即使浇水，水分也会
绕过土球流失掉。因此，一定要将土球去掉大半之后，将根系展开进行种植。这样后期的培育
才能更顺利，有助于杜鹃类生长。

有人说，"杜鹃是用水来进行培育的"，是真的吗

杜鹃类的根系特点是细，数量非常多，生长在较浅的土层并且长得较短。一般的庭院树木随着自身的生长，根系也会向土层深处伸展。因此，在一定程度上能够抵抗住干旱，但是杜鹃类的根系生长较短，因此对于抗旱的能力也较弱。

为了防止杜鹃的植株受害，夏季可以在略微清凉的傍晚，冬季可以在较为温暖的正午给其浇水。

对于杜鹃，我们经常说"直接水培吧"，这也最能够体现杜鹃的抗旱能力较弱这一特点。

常绿杜鹃在花期结束之后要立即进行修剪

锦绣杜鹃或者久留米杜鹃等常绿杜鹃品种，枝条向外伸展的情况较多。虽然，这个品种的杜鹃比较容易打造成半球形的株形，但是如果放任其自然生长，就很容易长出突枝，破坏树形的视觉美感。

需要注意的是，花期结束的植株，要尽早对其修剪，保证株形的美感。如果不尽早修剪，长得较快的枝条就会在6月下旬开始进行花芽分化。会造成植株的新芽在没有充分长成的情况下进入花芽的分化期，影响植株的生长。

若在7月以后进行修剪，会影响花芽分化，从而导致整个植株第二年基本不开花。

在立秋的时候，可以通过对突枝以及徒长枝进行适当的轻度回缩修剪，达到调整树形的效果。

落叶杜鹃要对主干的分支部侧枝进行修剪

一般来说黄杜鹃、三叶杜鹃等落叶杜鹃，其树形枝条主要呈现出向斜上方生长的形态。

这一种类的杜鹃，在7月左右花芽就会在新枝的梢头进行分化，等到第二年的春天，花苞会和新叶一起萌发和开花。但是，如果放任其生长，植株会每年向高处竖向生长，因此必须对其进行修枝。

对于扰乱树形的徒长枝，修剪的技巧是在枝条的分叉处进行剪切。另外，从树根部分会生长出根枝，对于长势较强的根枝要及时去除。

杜鹃的天敌是军配虫（杜鹃冠网蝽）

如果在绿色的叶片上出现无数灰褐色的小斑点，叶子的长势变得很弱，可能是在叶子下面长出军配虫，吸取了叶片的水分造成的。

军配虫的虫害期主要在气温变暖的4月下旬到10月左右，因其会影响树木的生长，所以必须将虫害去除。

如果到了军配虫的虫害期，可以用较强的水压对叶片进行冲洗，这样可以有效抑制军配虫虫害的发生。

如果发生了虫害，可以用杀螟硫磷或者马拉硫磷对其进行喷洒。

军配虫的虫害大多是在通风不良的空间内种植的植株上发生。

● 落叶杜鹃的修剪 ●

落叶杜鹃的枝干长得较为粗糙，因此没有必要特意进行修剪，只需去除多余的枝条即可

突枝的修剪方法

突枝

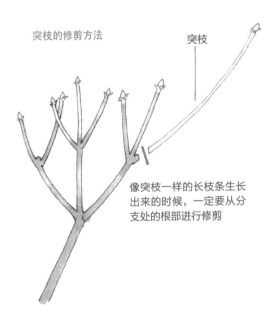

像突枝一样的长枝条生长出来的时候，一定要从分支处的根部进行修剪

新枝的生长

2—4 个一起成对开花

将花柄尽早摘除

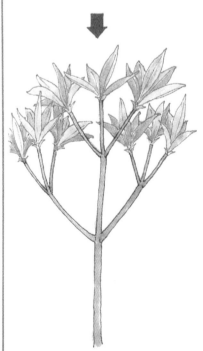

花期结束之后新枝会开始生长

蜡瓣花

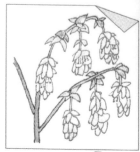

在早春季节的庭院中可以看到五六簇淡黄色的花朵，在枝梢呈下垂状开放。有很多植物爱好者喜欢这种既富有野趣，又较容易养护管理的花卉植物。

○**种植时期**——2月下旬至3月，或者11—12月期间。寒冷地区要避开在秋季种植。

○**较适宜的种植场所**——应选择光照良好，富含腐殖质较多的肥沃土壤栽植。

○**施肥的方法**——因其生命力很强，所以施一些鸡粪等肥料作为冬肥即可。也可以进行堆肥。

○**修剪的技巧**——虽然是丛生，可以将较粗的株干保留3棵左右，然后对树姿进行修整。

在幼树的时候就应注意枝条和树形的修剪

蜡瓣花的修枝可以较为粗犷，将树形打造成在山上生长的野生树形那种朴素的树姿也是很有韵味的。无须对其进行过于细致的修剪，重点打造其自然的树形。

如果放任其自然生长，树高会长到2—3m（在较温暖的地区，树高能达到4—5m），从树根部分也会生长出新枝，形成丛生的状态。但是为了能让蜡瓣花保持其原有的自然特性，应该让株干保持3棵左右的丛生状态。

最适合赏花的高度是 1.5m 左右

在庭院中种植蜡瓣花的时候，虽然会根据庭院空间的大小选择不同的种植的方式，但是一般来说，在家庭庭院中主要打造1.5m左右高的是比较常见的。如果不勤加修剪，不仅植株会越长越高，开花的位置也会越来越往上伸展，必须仰望才能欣赏到蜡瓣花的花朵。

○**修剪的时期**花芽会在当年生长的叶腋处从7月上旬到8月下旬这一期间进行分化，在第二年的3—4月开花。因此，不要在当年对新枝进行回缩修剪。

在对树形进行修整的时候，可以在1—2月的时候对于长得过长的枝条或者闩枝，尤其是细长并且长势弱小的枝条等进行修剪。

如果是对开花枝进行修剪，可以在花期结束后进行。

进行侧枝修剪的技巧

在11月左右我们可以仔细观察一下枝条的生长状态，可以发现一年生枝的分叉处附近生长出来的新芽会形成较短的枝条，并且在顶芽以及侧芽处也会形成花芽。

随着中心枝的生长，有很多又细又小的叶芽随着萌发出来。如果放任其生长，这些枝条第二年就会形成新的短枝，开花的枝条就会向植株的上部转移。因此要在保留4—5个花芽处对其进行回缩修剪。

● 自然形的打造及整姿的重点 ●

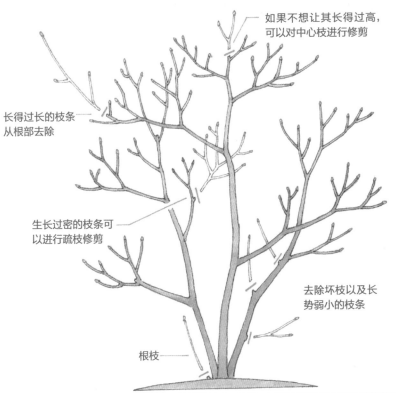

如果不想让其长得过高，可以对中心枝进行修剪

长得过长的枝条从根部去除

生长过密的枝条可以进行疏枝修剪

去除坏枝以及长势弱小的枝条

根枝

在空间较小的庭院中，将株干数量保持2—3棵，然后将树根部分的区域修剪干净

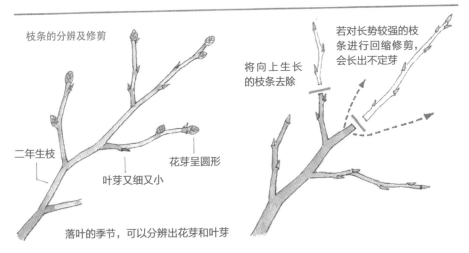

枝条的分辨及修剪

二年生枝

叶芽又细又小

花芽呈圆形

落叶的季节，可以分辨出花芽和叶芽

将向上生长的枝条去除

若对长势较强的枝条进行回缩修剪，会长出不定芽

红山紫茎花

进入 6 月中旬之后，在红山紫茎花树冠的各处，纯白色的花朵会渐渐地开始绽放，看上去感觉就像雪山茶花一样。一直到 8 月中旬，花蕾会接连地绽放，但是由于花期较短，花很快就会枯萎。红山紫茎花也被称为沙罗树，经常与印度的沙罗树相混淆。

○**种植时期** —— 在山茶科中是很少见的落叶树种，所以 2 月和 12 月是种植的适宜期。

○**较适宜的种植场所** —— 喜欢光照条件较好的环境，但栽植的时候不要让阳光直接照射到树根部分。

○**施肥的方法** —— 在施冬肥和花期过后的追肥时可以加一些磷酸成分稍多的肥料。

○**修剪的技巧** —— 可以在落叶期进行修剪，但是一定要在枝条的分叉处进行回缩修剪。

种植在庭院的东侧，能促进树的长势

红山紫茎花作为庭院用树在以下这样的环境中也能够很顺利地生长。

光照条件较好，但要避开强烈的西晒。土壤中腐殖质丰富，且能够一直保持适当的湿度。

在苗木种植的时候，树穴中的堆肥或者腐叶土要尽量放入多一些，树根部分可以配植一些小竹，或者使用常绿杜鹃等株高较矮的灌木进行群落搭配，也是很不错的配植方法。

另外，最好种植在能照射到晨光的庭院东侧，但是随植株生长变成茶色后，枯萎的花朵会形成落叶，影响环境清洁。因此要注意不要种植在与邻居家的交界处，以免给邻居带来不必要的麻烦。

横向长出的侧枝在枝的根部进行修剪，以便调整树形

红山紫茎花的新枝会朝斜上方自然地生长，所以最好不要对其进行过多的人工修剪。但是，根据种植场所的不同，也不能让其生长得过于茂盛。

○**修剪的技巧**可以针对两侧长出的过长枝条、闩枝，尤其是生长茂密的细枝等部分进行疏枝修剪。但是，修剪的时候不要在枝条的中间部分剪枝，一定要在枝条的根部将枝条整体去除。这主要是为了防止细菌进入，从而导致腐烂现象的发生。

长势过高的处理方法

红山紫茎花是生长较快的树种，因此它的株高经常会和庭院的面积不协调。这时候，就需要对主干进行回缩修剪。

修剪的时期要限制在树液不流动的落叶期进行。对主干的修剪，创伤面会较大。因此，为了防止雨水侵入，应在创伤面上涂抹一层较厚的接穗蜡，达到保护的效果。

自然形的打造及整姿的重点

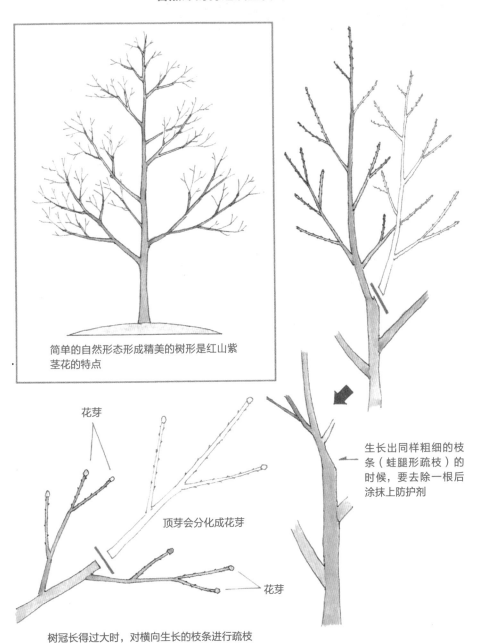

简单的自然形态形成精美的树形是红山紫茎花的特点

花芽

顶芽会分化成花芽

花芽

树冠长得过大时，对横向生长的枝条进行疏枝

生长出同样粗细的枝条（蛙腿形疏枝）的时候，要去除一根后涂抹上防护剂

南天竹

南天竹的花期在6月左右。虽然南天竹花的欣赏价值不大，但是从晚秋到冬季这一时期成熟的红色果实能够给冬天萧瑟的庭院增添一道色彩。南天竹的叶子有解毒的功效，所以也被广大爱好者所喜爱，常被种植在庭院中。

○**种植时期**——4月以及9月下旬较适宜种植。在树穴中填入堆肥或腐叶土。

○**较适宜的种植场所**——喜温暖及湿润的环境，比较耐阴；不喜夏季的西晒以及土壤干燥的环境。

○**施肥的方法**——每两个月施一次鸡粪肥，在8月左右可以追施一些磷酸成分较多的复合肥料。

○**修剪的技巧**——如果植株的株形生长过大，可以考虑将老旧枝条进行人工更新。

南天竹的苗木在种植时所选的场地是最关键的

南天竹的叶子形态较为朴素且性质耐阴，因此常被作为阴性树来种植。常见的是将其种植在居家的北侧或者庭院的后面，但是如果种植在整天都见不到阳光的地方，则不会形成丰满的植株。

冬季有半天的光照，夏季是半阴。这是南天竹最理想的生长环境。这样一来，从春季到秋季会让南天竹的枝叶茂盛地生长。因此，南天竹也适合与灌木、落叶乔木进行空间搭配。

想要降低树高，在梅雨前后应将老枝剪除

在植株较小的时期没有必要对其进行特定的修剪。但随着树龄的增加，植株也会长高，枝条会越来越茂密，此时就要对其进行修剪。

如果南天竹的枝条过于茂密，要将老旧的枝干从根部去除。最好打造枝干数量在5—7根的株形。

另外，结了一次果实的枝条在结果之后3年左右不会再次结出果实。因此在剪枝的时候尽量选择已经结过果实的枝条进行修剪。

不开花的枝条，可以试着进行去根处理

如果种植的条件较好且肥料充足，南天竹生长茂盛，会出现不开花的现象。避免这一问题可以在3月左右，在植株的根部半径20—30cm处，用铁锹深插入土层中将根系梢部切断，这种操作也叫作"断根"。主要是为了适时地控制南天竹的生长，让花芽更容易分化。

● 修枝和断根的方法 ●

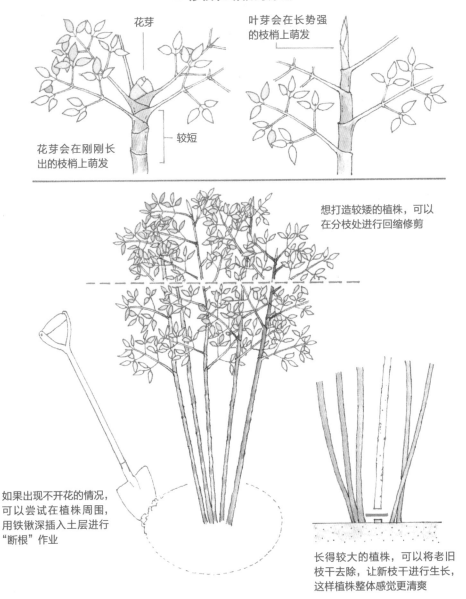

花芽

花芽会在刚刚长出的枝梢上萌发

较短

叶芽会在长势强的枝梢上萌发

想打造较矮的植株，可以在分枝处进行回缩修剪

如果出现不开花的情况，可以尝试在植株周围，用铁锹深插入土层进行"断根"作业

长得较大的植株，可以将老旧枝干去除，让新枝干进行生长，这样植株整体感觉更清爽

只开花不结果的处理方法

南天竹的花期正好与梅雨期相撞，因此不容易授粉这一点也是南天竹的特性。另外，南天竹属于雌雄同株，花蕊错过彼此的成熟期也是造成其不容易结果的原因之一。解决这一问题的主要方法是可以试着在下雨的时候给花穗套上塑料袋，雨停之后再将塑料袋取下。

蔷薇与樱桃

蔷薇和樱桃都是在 3 月下旬至 4 月叶片生长之前开出淡红的小花。蔷薇花一般呈单瓣，樱桃一般花瓣稍微大一些，呈重瓣状开放。另外，樱桃在初夏前后会结出 1cm 左右可食用的红色果实。

○**种植时期** —— 落叶期是种植的适宜期。

○**较适宜的种植场所** —— 光照条件较好，水分条件充足的土壤最为合适。不喜干燥的环境。

○**施肥的方法** —— 2 月、4 月、9 月上旬可以在植株周围分 3 次堆肥。

○**修剪的技巧** —— 每年会长出根枝，因此要对整株的枝干数量进行调整。

蔷薇结出的果实要尽早吃掉

蔷薇和樱桃的植株都能够长到 1—1.5m。花的颜色也非常鲜艳，因此两者都能够作为草坪上的点缀使用。另外，如果和同一时期开花的连翘一起栽植，就能够欣赏到花朵互相斗艳的乐趣。

但是，蔷薇的花期结束之后立刻就会结出绿色的果实，进入 6 月后，果实会变成白色，不久会变成红色。虽说可以一直观赏，但是最好在果实颜色和光泽最好的时候将其食用，它那来自大自然的酸甜味道也正意味夏天的到来。这也是种植庭院树木的趣味之处。

修整树形的两个主要步骤

植株高度在 1m 左右的时候更能体现出它的韵味，也是最佳的赏花高度。

○ **打造柔美的树形**蔷薇和樱桃在开花不久之后会长出新芽，一年生枝会向四周延展生长。这种细细的枝条舒展开来的姿态是其特有的风情，因此出现长势过旺的老旧枝条的时候，在保留其舒展姿态的基础之上进行回缩修剪。植株的枝干数量过多与种植环境产生违和感的时候，可以将一些老旧枝干从根部去除。

○ **以老旧枝干为主进行打造**以老旧枝干进行打造主要是为了能体现枝干的形态。将作为主干的目标枝干保留 5—6 根，其余的细小枝干全部从根部去除。这样在保留的老旧枝干上会长出更多的分枝，将会形成伞状的树形。

无论是哪种作业，都要在发芽之前完成。植株外侧的二年生枝可以带着根系一起去除，这样就分出一株新苗。

● 修理树形的方法 ●

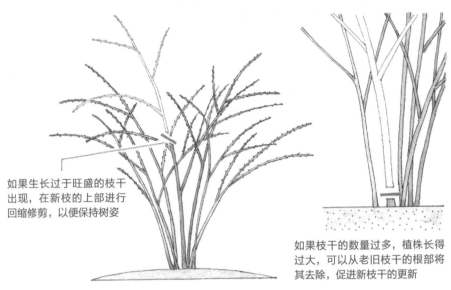

如果生长过于旺盛的枝干出现，在新枝的上部进行回缩修剪，以便保持树姿

如果枝干的数量过多，植株长得过大，可以从老旧枝干的根部将其去除，促进新枝干的更新

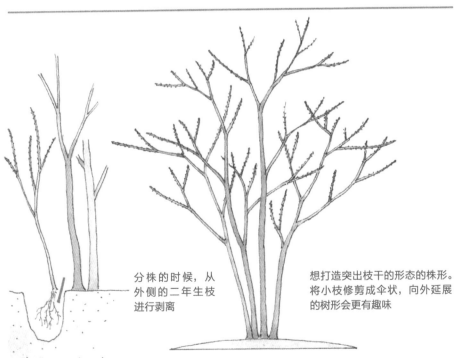

分株的时候，从外侧的二年生枝进行剥离

想打造突出枝干的形态的株形。将小枝修剪成伞状，向外延展的树形会更有趣味

凌霄

凌霄的枝条呈藤蔓状，当橘黄色的花朵以圆锥状花序开始绽放的时候，就说明盛夏已经到来了。在庭院中可以用竹竿将其支撑起来，亦可以让它攀附在绿篱上生长，也十分有趣。厚萼凌霄与凌霄很相似，但是厚萼凌霄的花序呈集散状而且花朵也很小。

○**种植时期**——3月是种植的适宜期。树穴中要填入充分的堆肥或者腐叶土。

○**较适宜的种植场所**——凌霄花对土质要求不严，但是良好的光照环境以及排水良好的土壤是种植的必要条件。

○**施肥的方法**——2月和花期过后需要进行追肥。可以使用添加30%骨粉的有机肥料。

○**修剪的技巧**——落叶期可以将生长过长的老旧枝条进行回缩修剪，以保证树姿。

花蕾和开花数量减少的主要原因是肥料不足

凌霄的枝条会从春季开始生长，生长出新枝的梢头部分生发出20个左右的花蕾。但是，有时实际开花的数量在4—5个，就已经是很多了。其他的花蕾还未等开放就已经脱落了，但这绝不是凌霄自然生长的现象。

○ **施冬肥的时候要添加骨粉** 1—2月施冬肥，可以使用一些含有油渣或者鸡粪的有机肥料，撒在植株周围，用手抓两把左右即可。同时，可以尝试在这些肥料里添加30%左右的骨粉。骨粉是含有非常多磷酸成分的天然肥料，因此能够让花茎生长更好，能够让开花的数量保持在10朵左右。

8月下旬至9月上旬的时候凌霄的花期就会结束，在花期结束后的追肥也是同样的方法。

○ **注意适时浇水** 虽说要将凌霄种植在日照以及透水条件良好的环境里，但是如果环境过于干燥，也会造成凌霄的花蕾凋谢的现象。从花期开始的7月上旬就需要每天浇水一次，这对于防止花蕾的凋谢有较好的效果。

下垂枝条中生长过长的枝条要进行剪枝

凌霄属于落叶藤本植物。在其枝干向上生长的同时，细长的藤蔓枝条会向下低垂并且生发出花蕾。萌发出来的气生根会让凌霄的藤蔓附着在其触碰到的物体上，因此可以使用原木等让凌霄盘绕生长，或者让凌霄在墙面上攀爬。但是，如果放任藤蔓自由生长，就会因过于茂盛导致开花数量减少。

○ **修剪的技巧** 每年11月至次年的3月上旬这一期间内，将过长的老旧枝条（开花后的枝条）从根部进行去除。除了根枝外，从根茎处生发出来的新芽也要一起去除掉。

● 为了花开的修剪技巧 ●

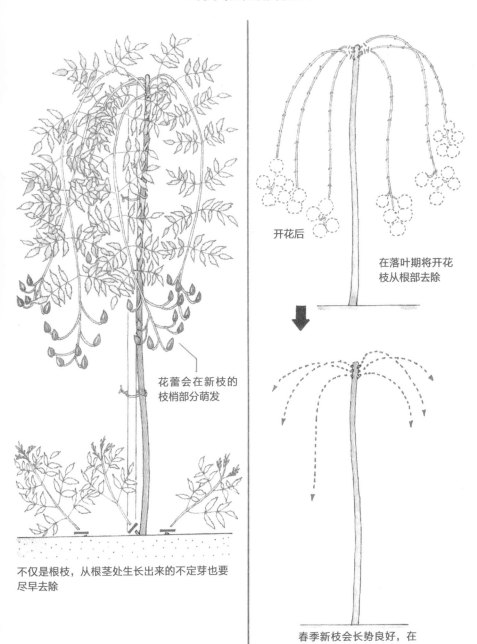

花蕾会在新枝的
枝梢部分萌发

不仅是根枝，从根茎处生长出来的不定芽也要
尽早去除

开花后

在落叶期将开花
枝从根部去除

春季新枝会长势良好，在
其梢部将会开出花朵

铺地柏

铺地柏是柏科的常绿灌木植物。其枝干呈现在地面匍匐攀爬的状态，因此取名为铺地柏。铺地柏的耐寒以及耐旱能力很强，因此非常容易栽培。在一般庭院中将铺地柏种植在石墙边的情况较为多见，较宽敞的庭院中铺地柏也被种植在水池边的堆石上。

○**种植时期** —— 在每年发芽之前的 4 月上旬是种植的适宜期。在冬季种植容易造成枯死的现象。

○**较适宜的种植场所** —— 铺地柏喜光照以及排水良好的砂质壤土。最好将其种植在地势较高的地方，避免低洼湿环境。

○**施肥的方法** —— 可以使用一些堆肥作为基肥。冬季可以使用一些鸡粪等肥料作为冬肥，撒在植株周围。

○**修剪的技巧** —— 长势过旺的枝条应尽早进行回缩修剪，利用侧枝让其枝叶向四周伸展。

苗木种植的时候，首先要使用支柱对主枝进行固定

苗木的栽植要选择在苗木的新芽发芽之前进行，同时需要注意一定要用长 40—50cm 的细竹竿作为支柱，将苗木直立固定。当新枝开始生长的时候，会朝向四面八方延展生长，匍匐攀爬整个地面空间。因此，如果在苗木的发芽期不对主枝进行固定，就很难形成茂密且精美的树形。

尤其是长势旺盛的枝条，在幼木期要对其进行摘芽等作业。并且要注意对侧枝的培育，使枝条能够均等地四周延展生长。

一旦长出上窜枝，要马上从根部进行剪除

铺地柏的新枝一般来说都是以匍匐状向四周伸展生长的，但是有时也会出现直立生长的枝条。如果发现直立生长的枝条，可以从根部将其去除。

因为，在直立生长的枝条长势会过于旺盛，是引起其周围的枝条枯死的主要原因之一。

适当地疏枝是防止树枝干枯的技巧

铺地柏茂密生长的深绿色针状叶有其独特的风格。因此，在枝条各处出现枯枝就会影响视觉美观，这样作为庭院树木就失去其自身的价值。造成枝条出现枯枝现象的主要原因是枝条生长过于茂盛，导致内部空间光照不足。因此，一定要对其进行疏枝养护。

对枝条进行疏枝的适宜期在 6 月，可对生长过盛的新枝或者枝条过于茂盛的部分进行疏枝作业。

即便是扦插苗，种植的间距也要保持在 40—50cm

即使是扦插的铺地柏幼苗，也可以对其进行配植形式的打造。截取 15—20cm 的根系扦插入小颗粒的湿润土中，2 个月之后就会萌发新根系。

● 种植和修剪的重点 ●

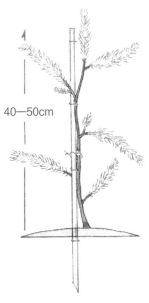

40—50cm

在苗木进行种植的时候，要用支柱将主枝进行直立固定

以主枝为中心，枝条向四周延展

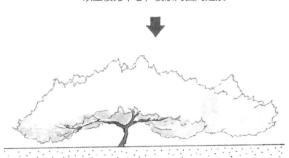

生长茂盛的枝条能够覆盖满整个地面，这时可以针对长势不同的枝条进行修剪

尤其是要对生长过长的枝条或者生长过于茂盛的部分进行疏枝作业，以防止产生枯枝。这也是对树形进行修整的重点

去除生长过长的枝条

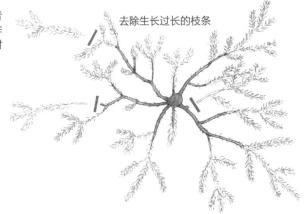

　　在培养土中培育 1 年左右，第 2 年的 4 月进行定植。3 年左右植株会向外延展生长 40—50cm。铺地柏作为绿篱等进行列植的时候，应在幼苗期保留好充分的间隔空间。

胡枝子

在日本庭院中栽植的观赏用胡枝子主要是宫城野萩（别名仙台萩）。这个品种胡枝子不但花色非常美丽，花期也很长，可以从8月上旬一直持续到秋季。这一点也是这个品种的魅力所在。

○**种植时期**——2月下旬至3月上旬是种植的适宜期。

○**较适宜的种植场所**——选择日照以及透水条件较好的地点进行种植。瘠薄的土质也能够长得较好。

○**施肥的方法**——主要以冬季追肥为主。磷酸成分较多的复合肥料最为合适。

○**修剪的技巧**——如果放任其生长，会过于茂盛，可以对新枝进行修剪，主要培育次生枝。

选择胡枝子的技巧

胡枝子有很多种类，都各有其特点。在对胡枝子苗木进行选择时主要列举以下品种。

○**宫城野萩**枝条能够长到2m左右，呈弯弓状下垂，从8月上旬开始会开出紫红色的花朵。因其开花数量很多，所以也是非常有人气的种类。

○**山萩**山萩是最常见的胡枝子品种，从植株的根部会生长出较为粗壮的枝干，与冬季地表以上部分全部枯萎的宫城野萩不同的是，山萩在冬季地表处会保留住枝干。另外，虽然花都呈现出紫红色，但是花穗没有宫城野萩那么长。

○**日本白萩**山萩的一个变种，因为其极为罕见，所以种植的数量也不是很多。

另外还有在叶梢部分呈圆形的短梗胡枝子；植株长势较矮，开花也较小的屋久岛胡枝子；主干呈直立状的树高能达到4m以上的绿叶胡枝子；以及其变种展枝胡枝子等品种。

一般家庭中，每年要进行修剪，打造低矮树形

胡枝子的枝条从春季开始生长，如果放任新枝生长，枝条的生长会过于茂盛，导致不便于修剪。这也是胡枝子的一个特性。如果是在大自然中，生长茂盛当然没有关系，但是作为庭院树木，就必须对其进行必要的养护管理。

以宫城野萩为例，解释一下胡枝子整枝、修剪的重点。

当新枝长到50—60cm的时候，在枝条的10—15cm处进行修剪。培育次生枝，增加开花的数量。这种修剪如果每年按时重复进行，能够打造出相对较矮的株形。

进入冬季之后，枝梢会出现枯萎的现象，因此，落叶后一定要从根部进行修剪，这也是为了预防病虫害不可缺少的环节。

● 打造低矮株形的修剪方法 ●

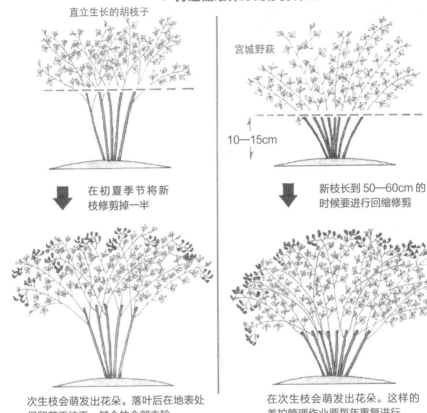

直立生长的胡枝子

宫城野萩

10—15cm

在初夏季节将新枝修剪掉一半

新枝长到 50—60cm 的时候要进行回缩修剪

次生枝会萌发出花朵。落叶后在地表处保留若干枝干,其余的全部去除

在次生枝会萌发出花朵。这样的养护管理作业要每年重复进行

枝叶向高长的胡枝子的修剪方法

山萩或者日本白萩植株长得过高的时候,养护、管理的方法就有些变化。在 5 月下旬至 6 月上旬在新枝的 1/2 左右进行修剪,这样能够让次生枝开出更多的花朵。然后在落叶后的地表 10—15cm 的位置保留几株枝干,其余枝干可进行修剪。

胡枝子进行修剪时,适当贴近它的自然长势修剪是比较好的

细长柔美的新枝呈弯弓状生长,在风中飘曳,让人感到山间野趣,这就是胡枝子的魅力。

在庭院中种植胡枝子的时候,也要尽量保持胡枝子本身的特点,对其进行相应的修剪。

另外,在修剪的时候与其依赖修枝剪对胡枝子进行规整性修剪,不如对其进行粗放的修剪,这也是胡枝子修剪时的一个重点。在修剪之后,视觉观感上貌似不是很精美,但是当生长出新枝之后就会形成自然的波浪式形态。并且,在进入花期的时候,更会让人感觉到秋季的风情。

六月雪

六月雪属于常绿小灌木。在初夏的清晨能够看纯白色的小花覆盖在那些被修剪得整齐的树篱表面。因其花和叶子的形状都很小，所以很适合在狭小的庭院中栽植。

○**种植时期** —— 3月是种植的适宜期。

○**较适宜的种植场所** —— 光照条件越好的环境，开花的数量越多。要避开较为潮湿的环境。

○**施肥的方法** —— 2月左右，作为冬肥施一些磷酸成分较多的复合肥料即可。

○**修剪的技巧** —— 枝叶的生长十分旺盛，因此可以通过修剪培育茂盛的小枝，打造小体量株形。

很多品种的六月雪都可以作为园艺植物

野生的六月雪花冠7—8mm，呈漏斗状，顶端为五裂单瓣。但是，在园艺品种上有复瓣六月雪、重瓣六月雪以及叶片周围有金色边的金边六月雪。无论哪一个品种都被广泛地种植。

想让树苗尽快长大，可以1年进行两次修枝

六月雪可以生长到1m左右高。可作为绿篱进行列植，也可以打造成球形进行栽植。树高较矮的树苗，1年可以对其进行两次修枝。

第1次修枝可以在新枝停止生长的6月下旬对树冠进行细心的修剪。第2次可以在10月进行，可以针对长出分枝后的次生枝的梢头进行轻微的修剪。值得注意的是，这个时候如果对次生枝进行重度修剪，在今后的几年树苗都不会长大。

让小枝条生长茂密的方法

树苗栽植3年左右会生长出很多分枝，植株也会长得较大。因此，平时需要重视对六月雪植株的养护和管理。

首先，从4月中旬长出新芽开始，5月上旬至6月左右是六月雪的花期，因此在6月下旬要对其进行第1次修枝。其次，8月左右次生芽已经开始出来，可以对其进行第2次修枝。最后，2个月后的10月左右可以对其进行第3次修枝。这种定期有序的修剪是让小枝条生长茂密的技巧。

培育扦插苗

六月雪生长10年左右就会出现植株枯萎的现象。因此，在出现植株枯萎的2—3年前就要培育扦插苗，这样就可以方便地对枯萎的植株进行相应的补植。

另外，在寒冷地区，冬季六月雪下部的枝条会出现落叶的现象，这是它的半落叶特性，等到第2年春季气温回升发出新的树芽。

● 修剪和促进枝条生长的方法 ●

（省略掉叶片）

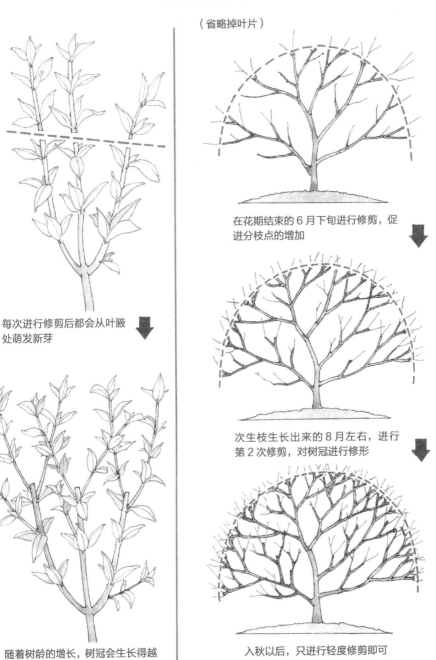

每次进行修剪后都会从叶腋处萌发新芽

随着树龄的增长，树冠会生长得越来越茂密

在花期结束的6月下旬进行修剪，促进分枝点的增加

次生枝生长出来的8月左右，进行第2次修剪，对树冠进行修形

入秋以后，只进行轻度修剪即可

北美山茱萸

北美山茱萸是美国代表性花木。四瓣的花苞很容易被误认成花瓣，其实真正的花瓣是在中心聚集开放的黄绿色小花。

○**种植时期**——2月中旬至3月，或者11月中旬至12月。可以使用一些堆肥作为基肥。

○**较适宜的种植场所**——虽然北美山茱萸对土质的适应性较强，但是最好将其栽植在光照以及排水条件良好的肥沃土壤中。

○**施肥的方法**——2月左右或者花芽分化后的8月进行施肥，但要注意氮成分不能过多。

○**修剪的技巧**——在落叶期将没有萌发花芽的徒长枝进行回缩修剪，修整树形。

除原种北美山茱萸外，其他花色的嫁接品种逐年增加

北美山茱萸其本身的花苞是纯白色的，但是也有变种呈粉红色。自粉红色花苞的种类被发现以来，一整片树冠被多彩的粉红色包围的变种山茱萸越来越受到大家的喜爱。

这些苗木都是以原种为砧木嫁接而来的，因此要比原有的白色种类价格高一些。另外，还有垂枝山茱萸等种类。

最理想的是打造一棵从2楼房间也能很容易眺望到的山茱萸

山茱萸的花苞大多是向上开花。因此，从下面眺望的时候总是欣赏不到美丽的花朵。在庭院中一般是打造单株孤植的山茱萸，这样如果是能够选择在从上面眺望到开花的2楼房间的窗户附近种植，就能更好地欣赏到山茱萸开花时美好的风景。

对侧枝进行修剪即可打造出自然形态的树形

根据庭院空间的大小和想要打造的高度，一方面对山茱萸的主干进行控制性修剪，另一方面主要促进主枝的生长。按照这样的方法，树形基本上不会生长得凌乱，因为山茱萸本身就是比较容易修剪成圆锥状株形的树种。

根据株形的变化打造有特点的树形

进入山茱萸的生长期之后，会从茂盛的根部生长出根蘖。在苗木的丛间也会长出这样的根枝，所以培育这种分枝较多的株形，打造低矮茂密的树姿也是很有意思的。

与单棵孤植相比，打造较低矮的株形是修剪的重点。

● 打造株形和促进开花的方法 ●

单棵孤植

切除

株形的打造

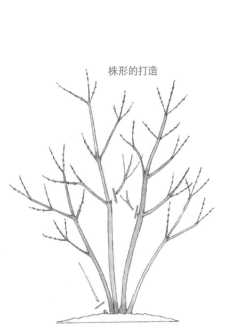

利用根枝打造的株形需要培育丛生株。应
去除不需要的根枝或者生长过密的枝条

去除根枝

树枝生长过高的时候，可以将对主干
进行控制性修剪，让侧枝生长，这样
就会形成更好看的树形

促进开花的方法

如果不想让枝条向外侧延
展的话，可以对不萌发花
芽的长枝进行回缩修剪

第二年会萌发花芽

叶芽

花芽

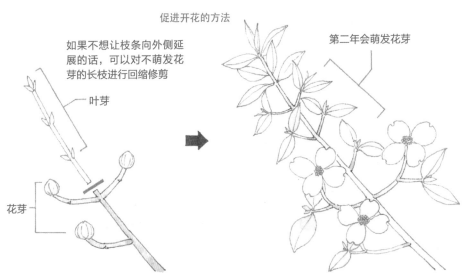

桃

这里指的是改良后的观赏用桃。桃花的花期在梅花和樱花的花期中间，因此也是庭院中经常被种植的一种花木。即便是重度修剪，桃也能萌发出很好的花芽，因此可以根据庭院空间的大小打造植株的造型。

○**种植时期**——2月上旬至3月上旬以及11—12月间。

○**较适宜的种植场所**——光照条件良好，肥沃而湿润的环境最适合桃花的生长。尽量避免干燥的环境。

○**施肥的方法**——2月或者花期结束后、花芽分化后的8月少量多次、循序渐进的施肥方法是十分有效果的。

○**修剪的技巧**——可以在落叶期针对整体枝条进行回缩修剪，可以重点培育从主枝根部萌发的新枝。

桃的园艺观赏品种很多，在选择苗木的时候要慎重

虽说都被称为桃，但是有非常多的园艺观赏品种。这里介绍几种有代表性的人气品种。

○**碧桃**是杨桃的变种，有半重瓣及重瓣品种。

○**菊花桃**花苞的形状和菊花的形状十分相似，因此被称作菊花桃。菊花桃的花呈深粉色，给人以华丽的感觉，这也是菊花桃的特征之一。

○**塔型碧桃**株形呈直立状。因其枝条的生长方向朝斜上方，所以塔型碧桃即使种植在小型庭院中也能够欣赏到桃花的乐趣。作为桃花，塔型碧桃能开出很少见的淡黄色重瓣花朵，因此它也是非常珍稀的人气品种。

另外，还有枝条呈下垂状生长的垂枝碧桃，能开出红白两种颜色花（在同一棵树上能开出深粉色和白色的花）的源平垂枝碧桃，花呈白色重瓣的残雪垂枝桃等品种，到开花的季节都非常惹人喜爱。

不同院子空间中桃的种植技巧

在空间较小的庭院中种植桃的时候，可以选择枝条不向外围延展生长、枝条呈塔状向斜上方生长的品种。这种桃即使树高控制在4—5m，也能打造成树冠的冠幅为1m左右的株形，同时不会占用太大空间。

如果庭院的空间足够宽敞，也可以选择株形为自然形的品种进行种植，比如碧桃、赤叶寿星、山碧桃等种类。在开花的季节也能将其作为插花装饰，放在室内也是别有一番趣味。

● 花谢后的修枝和株形的整理 ●

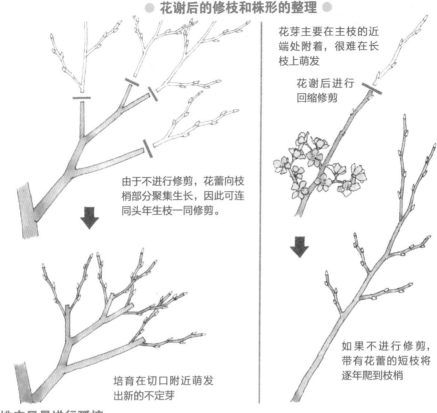

由于不进行修剪，花蕾向枝梢部分聚集生长，因此可连同头年生枝一同修剪。

花芽主要在主枝的近端处附着，很难在长枝上萌发

花谢后进行回缩修剪

培育在切口附近萌发出新的不定芽

如果不进行修剪，带有花蕾的短枝将逐年爬到枝梢

桃应尽量进行孤植

桃花与樱花相同，是受虫害较多的花木，很容易发生蚜虫、天幕虫、苹果透翅蛾等虫害，有时甚至会将树叶全部吃掉。这样就不会有花芽分化，当然也不能欣赏到花开。

关于虫害预防的方法，是在种植的时候尽量避免种植密度过大。在种植苗木的时候，要让植株周围保持足够的空间范围，保证良好的日照和通风条件。这样不仅能够减少虫害，也能够确保良好的开花量。

让花开在枝条根部的修枝技巧是每年对二年生枝进行修剪

7月中下旬，在桃一年生枝的叶腋处，会有花芽分化，第二年的3月下旬至4月间能够开花。在三年生以上的老旧枝条上基本不会萌发新芽，因此如果不对其进行修剪，随着新枝的生长，花蕾就会越来越向树冠高处萌发，就会形成在枝根部分看不到花的株形。

○修枝的时期一般来说在花谢后，在保留花枝10cm处对枝条进行回缩修剪，第二年还会从该处长出新枝。

另外，越是老旧枝条，它的开花率就越低，因此2—3年可以从枝条的根部进行修剪，促使新枝萌发、枝条更新。另外，在修剪徒长枝的时候，一定要在分枝处进行修剪。

月季

月季被称作花木的女王，月季的花形、花色十分多样，其华丽的花姿没有其他花朵能够媲美。一般说的月季指的是欧洲月季。

○**种植时期** —— 2—3 月上旬是种植的适宜期。

○**较适宜的种植场所** —— 腐殖质含量丰富的肥沃土壤、略偏黏性的土壤是最理想的。

○**施肥的方法** —— 作为基肥可以使用充足的堆肥和鸡粪，2 月、5 月、8 月要进行追肥。

○**修剪的技巧** —— 一般来说，1—2 月上旬可以对其进行重度修剪，促进新枝的萌发。

月季大致可以分为 4 个系列

虽然都叫作月季，但是与其他的花木不同的是它有着各种各样的特性。如何选择月季的种植场所、修枝方法以及如何让它开出惹人喜爱的花朵，在解决这些问题之前必须知道月季的整个体系（根据月季的属性进行分类）。

○**大花香水月季（简称 HT）**植株呈灌木状开始分枝，开出花瓣较大的花朵。大花香水月季的花形、花色十分丰富，因此在其开花时能够欣赏到各色的大朵花瓣，是最华丽的月季品种。

○**丰花月季（简称 FR/FI）**株形呈灌木状生长，与 HT 相比花瓣较小，花朵在枝梢处大片地开放是丰花月季的一大特征。丰花月季更适合在欧式庭院的花坛中栽植。

○**藤蔓月季（简称 CR/CI）**细长的枝条呈下垂状生长，因此一般也被叫作垂枝月季。经常用来装饰拱门、篱笆等空间。根据其品种的不同，开放的花瓣也分为大瓣、中瓣、小瓣。

○**微型月季（简称 MR/Min）**在月季中花瓣最小的品种，属于小灌木，高 20—40cm。微型月季较多作为盆栽以及装饰花坛边缘的过渡性植物。

苗木种植时，要给予足够的基肥

我们经常能够听到"月季大多喜好未开垦的土地"的说法。因此最理想的是尽量将月季栽植在没有种植任何植物的地方。

○**种植时的注意事项**一般来说庭院植物的苗木在种植的时候，即使不使用基肥也没有太大的问题，但是在种月季的时候，则需要基肥对其进行辅助。

首先，要挖掘深度 40cm 左右的树穴，然后将足够量的堆肥和鸡粪填入树穴中，上面覆盖一层不含肥料的隔离用土。将苗木的根系向四周铺展开来栽植，深度可以稍微浅一些。

如果种植的时期略晚，苗木开始发芽，可以保持土球的原状，连同土球一起种植到树穴中。

将苗木种植到树穴中之后，可以在水槽（在植株周围打造的浅浅的水沟）中注入 2 桶左右

● **大花香水月季的修剪** ●

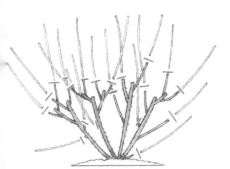

和春季的修剪一样，将枯枝和弱枝去除之后，将整体的 1/3 修剪掉

因为仅保留了长势良好的枝条，因此（来年）也会长出很好的花

将枯枝以及弱枝修剪之后，在整体的 1/3 处进行回缩修剪

让新枝向外侧延展生长是最理想的株形

的水，然后在表面覆盖上稻草，用以保护根系。

土壤条件不好的情况下栽植的技巧

如果是砂质壤土，不适合月季生长，可以购买一些市场上贩卖的月季栽培专用土。

可以将树穴挖掘得大一些，一株苗用一袋专用土混合庭院原土，种植在深度 30cm 左右的土层中。种植的操作顺序与上述相同。

大花香水月季一年要进行二次修剪

一般来说大花香水月季一年之中要进行二次的修剪（寒冷地带只在春季修剪）。

○**春季的修剪方法** 可以对枯枝、细小的弱枝以及对生枝过密部分的枝条进行整理性修剪，仅保留长势良好的粗壮枝条。在此之上对这种枯枝、弱枝等枝条保留 1/3，对其进行重度修剪。打造整体呈杯状的株形，值得注意的是植株下部分的枝条应进行保留枝条较短的回缩修剪。

值得注意的是，如果将树冠上部分的枝条进行重度回缩修剪的话，整体的株形长势就会失去平衡。

修剪的位置（剪切口）应选择长势良好的外芽（树冠的外侧萌发的树芽）进行修剪，剪切口可以在外芽上方 5mm 处倾斜着修剪。如果切口过于靠近枝芽，会造成水分流失引起干枯，导致枝条不能发芽。另外，如果在芽的上方保留过长的话，也会引起枯萎。

○**秋季的修剪方法** 8 月下旬至 9 月上旬这一期间是秋季修剪的适宜期。首先，将枯枝或者弱枝等枝条去除之后，再对植株整体进行 1/3 左右的回缩修剪。

垂枝月季在冬季进行修剪，可进行枝条引导。

垂枝月季的修剪，主要是针对遭受病变、虫害等的枝条进行修枝，同时可以通过修剪的方法让枝条整体自行更新。主要目的是让所有的枝条上都能长出美丽的花朵。

○**修剪要在冬季进行** 垂枝月季的修剪、引枝的适宜期是在 12 月中旬至 1 月底。但是，对于冬季结冰的寒冷地区来说，可以在 3 月左右进行修剪。

在冬眠中的垂枝水分很少，因此即使将枝条弯曲，也很难折断，并且枝条互相刮碰，芽也不会脱落。

○**生长 3 年以上的老旧枝条要去除** 垂枝月季，生长过长的二年生枝在第二年的春天开花的数量最多。三年生以上的枝条开花的数量就会变得非常少，到四年生枝时，基本上就不会再开花了。

如果植株长得足够茂盛，在春季的时候就会从植株的根部或者下垂枝条的各处萌发出很多新枝。对这些萌发出来的新枝要特别精心地进行养护，因为对老旧枝条来说，是让它们自行更新演替，再次开花的部分非常重要。

● 枝条修剪的正确位置 ●

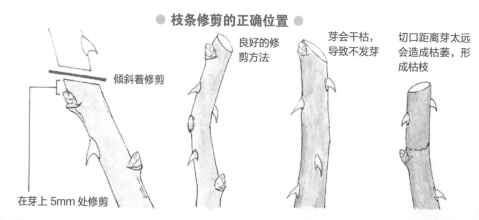

倾斜着修剪

在芽上 5mm 处修剪

良好的修剪方法

芽会干枯，导致不发芽

切口距离芽太远会造成枯萎，形成枯枝

● 篱笆墙的打造和修剪 ●

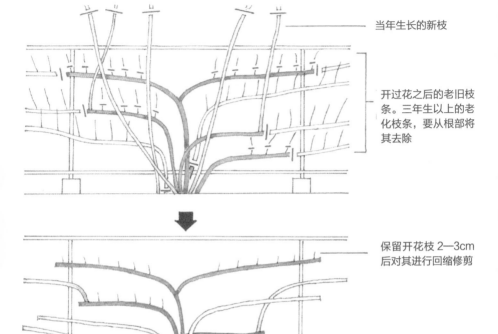

当年生长的新枝

开过花之后的老旧枝条。三年生以上的老化枝条，要从根部将其去除

保留开花枝 2—3cm 后对其进行回缩修剪

将新枝的枝梢部分去除约 30cm 后，将枝条整体朝横向引导固定

○**生长的新枝要进行 30cm 左右的回缩修剪**

在进入冬天之后新枝的枝梢部分仍然会留有树叶，但是这种枝条属于还没有完全长成的枝条，因此这样的枝条带着病菌一起越冬的情况较为多见。所以，要对其进行 30cm 左右的回缩修剪。

另外，在对月季进行修剪、枝条引导固定的时候，注意不要被枝条上的刺划伤，一定要戴上作业手套。

垂枝月季的品种和特性

○**中瓣品种**中瓣垂枝月季的枝条能够长到 2—3m。枝条略粗，数量也较多，3—4 年垂枝会老化。

○**小瓣品种**小瓣垂枝月季的枝条能够长到 3—5m。枝条较细，但是枝条的数量特别多，2 年左右垂枝会老化。

159

刺桂

刺桂是常绿灌木或小乔木，高1—6m，四季常青，香气弥漫，是良好的观赏树种。分布于暖带落叶阔叶林区，北亚热带落叶、常绿阔叶混交林区、中亚热带常绿、落叶阔叶林区，南亚热带常绿阔叶林区。喜光，较耐阴，喜温暖，有一定耐寒性，在排水良好、湿润、肥沃的壤土上生长最佳，生长速度一般偏慢，抗逆性强。

○**种植时期**——4月下旬至5月上旬，或者9—10月上旬是种植的适宜期。

○**较适宜的种植场所**——避免受到冬季寒风的侵袭，光照以及排水条件较好的空间。

○**施肥的方法**——12月至次年2月要追加冬肥，8月左右也要追加等量的混合有油渣和骨粉的肥料。

○**修剪的技巧**——6月下旬至7月上旬对扰乱树形的徒长枝进行回缩修剪。

根据种植的空间特点打造植株的形状

刺桂属于常绿性树种。枝条看上去好像生长得较慢，但是在发芽期新枝会生长得十分茂盛。树形也可以打造成自然生长的自然形、经过人工修剪的人工形等形态。

如果是在日式庭院中种植，树形可以打造成自然形，在欧式庭院中种植，可以将树形打造成散球形或者球形。另外，刺桂的叶缘处有尖锐的倒刺，因此也比较适合打造成绿篱。

虽说刺桂是耐阴性较强的树种，但它也喜光，如果种植环境的光照条件不好，在腋芽处附着的花量就会减少。另外，刺桂在秋季会开出白色的小花，让我们能够享受到花带来的芳香，因此尽量将刺桂种植在光照条件良好的环境中。

另外，刺桂对于寒冷的北风的抵抗力较弱。特别是在幼苗期，容易引起枯枝现象，所以要根据种植的环境考虑避免风害等因素。刺桂在冬季的抗寒能力较弱。

应在夏季进行刺桂的剪枝

如果打造刺桂的自然树形，应该在新枝第一次停止生长的6月下旬至7月之间，针对从树冠上生长出来的突枝进行回缩修剪。修剪时应当注意修枝点要在树冠的外缘轮廓以内。如果沿着树冠的外缘轮廓进行修剪，次生枝就会很快生长出来影响树形。

刺桂的叶子呈对生状，因此一般来说枝条也是双枝同时萌发，所以随着树龄的增长，新枝也不断萌发，并且长成优美的株形。

应该在夏季和秋季进行人工修剪

想将刺桂打造成散球状株形或者修剪成绿篱，修剪应在新枝长出后的6月下旬至7月之间，以及次生枝（夏枝）停止生长的10月下旬以后进行。第二次的修剪，对株形进行微调的轻度修剪即可。

◉ 徒长枝的修剪和树形的打造 ◉

可以在 6 月下旬至 7 月之间进行修剪，会萌发次生枝，增加小枝的数量

幼树的树形

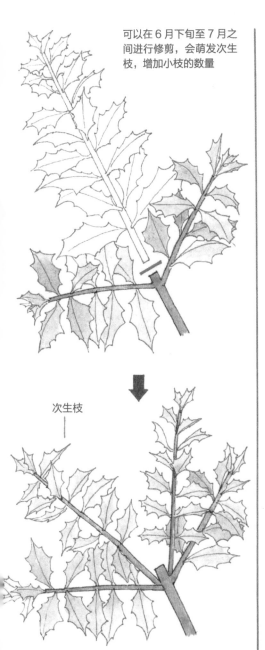

修剪徒长枝的时候，剪切口要在树冠外缘以内

次生枝

散球形树形的打造

长出对生的小枝，让树冠变得茂密

要在夏季和秋季进行两次修剪，通过修剪调整植株形状

十大功劳

　　十大功劳的叶片和柊树类似，从株形上看，有时也会被认为是南天竹。十大功劳是很朴素的树种，在阴凉处也能生长出深绿色的叶子，因此作为灌木，也被广大爱好者所喜爱，用它来进行景观植物的搭配。

○**种植时期**——3月下旬至5月上旬是种植的适宜期。在气候温暖的地区9—11月也可以进行种植。

○**较适宜的种植场所**——富含腐殖质较多的环境，光照以及排水良好的环境。

○**施肥的方法**——不太需要肥料。如果土壤过于贫瘠，可以在2月左右添加一些油渣作为肥料。

○**修剪的技巧**——可针对徒长枝以及老旧枝条进行疏枝修剪，植株数量控制在3—5枝较为合适。

充分利用细枝部分的特性是修枝重点

　　十大功劳一般种植在建筑物北侧，或者作为灌木，与乔木搭配打造地被景观，或者作为护坡、乔木的护根等。

　　可利用十大功劳常绿以及叶形精美的特点，将十大功劳群植，但需要注意的是，要对其进行相应的修剪，避免因为枝叶过于茂密，形成给人以压抑感的空间。

　　从地表生长出来的枝干会形成丛生的株形，那是十大功劳的自然形态。十大功劳的植株在生长过程中能够形成自己独特的株形，这也是十大功劳的生长特性。因此，不需要对十大功劳进行特定的修剪。但是，如果枝叶生长得过于茂盛，就会显得比较杂乱，这时就需要对丛生枝干的数量进行限制。

○**枝干数量控制在3—5枝**如果十大功劳的植株出现生长过高、数量过多的情况，可以将老旧枝条或者细小的弱枝从根部直接修剪掉。根据种植空间的不同，一株十大功劳丛生的枝干数量控制在3—5枝，就能够充分体现出十大功劳特有的株形。修剪可以在11月至次年2月期间进行。

长势过旺的枝条的整形方法

　　随着植株的枝干老化，树越长越高，树冠下部的叶子会脱落得越多，就会影响株形的视觉美感。如果植株出现这种状态，可以在枝条分枝处进行修剪，并结合种植空间的布局调整树形。但是，需要注意的是，如果在枝干的中间部分进行修剪，容易引起枯枝的现象。

　　十大功劳的根部很容易萌发根枝。因此，在对老旧枝条进行修剪的时候适当保留2—3个根枝，让其自然生长，能够确保植株良好的生长状态。

● 树形修剪的重点 ●

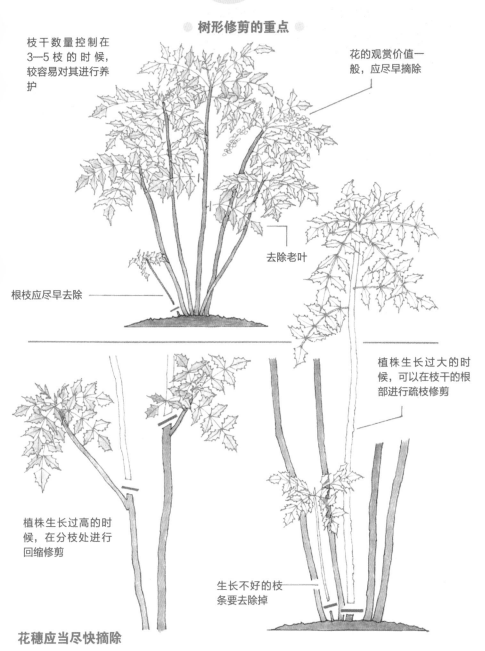

枝干数量控制在 3—5 枝 的 时 候，较容易对其进行养护

花的观赏价值一般，应尽早摘除

去除老叶

根枝应尽早去除

植株生长过大的时候，可以在枝干的根部进行疏枝修剪

植株生长过高的时候，在分枝处进行回缩修剪

生长不好的枝条要去除掉

花穗应当尽快摘除

在快要进入夏季的时候，伞状的树冠顶部会附着大小不足 1cm 的黄色小花，花序呈下垂状，观赏价值一般。

需要注意的是，应尽早地将花穗摘除，避免让植株因营养供给过多而疲劳。

南五味子

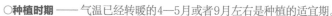

南五味子具有木兰纲珍贵的垂枝特性，果实呈颗粒状，为5mm左右的小浆果。红色的果实在秋季成熟，呈下垂状，十分惹人喜爱。另外，还有果实呈黄白色的园艺品种。

○**种植时期**——气温已经转暖的4—5月或者9月左右是种植的适宜期。

○**较适宜的种植场所**——富含腐殖质、排水良好的场所。光照条件以短日照为宜。

○**施肥的方法**——在2月和9月可以使用鸡粪混合骨粉的肥料。但是要注意氮成分不能过多。

○**修剪的技巧**——垂枝呈细长状生长，因此可以对整体植株进行修剪。

进行苗木栽植时，应尽量进行修剪

南五味子一般是在气温变暖之后开始进行栽植，有一个很重要的环节就是要对枝条进行重度回缩修剪的作业。不需要对每一根分枝都进行修剪。

因为南五味子的根系并不发达，因此如果种植的时候带着较多的树叶，会形成蒸腾作用。这样会破坏其生长的平衡，造成植株枯萎，要十分注意。

在挖掘树穴的时候要将树穴挖得大一些，将全熟堆肥填入其中。如果土质条件不好，也可以掺入足够量的腐叶土。

打造出能观赏到果实的"垣墙"

南五味子的枝条呈下垂状生长，因此其本身不会单枝生长。一般来说，在空间较小的庭院中可以让其攀缘着枝条生长。可以打造成与垂枝玫瑰相同的"垣墙"，或者打造成凉棚的造型，也是别有风趣的。

在温暖地区的森林中经常能看到野生的南五味子。考虑到这一点，在选择种植场所的时候，要避免强烈的阳光对其长时间直晒的场所，最好选取午后能够形成阴凉的地方进行种植。

南五味子的枝条生长很快。在枝条修剪时，如果对每一根分枝都进行修剪是一项很繁重而且耗时的作业。因此，可以适当地让南五味子自然生长，但是如果株形中有出现生长特别茂密的枝条，可以对其进行疏枝修剪。

南五味子在6月左右开花，10月下旬至12月期间可以欣赏到独特的簇生状红色小浆果。

让南五味子能更好地结果的技巧

南五味子的花芽会在很短的枝条上分化（7月中旬至8月上旬），第二年会萌发出3—4片的叶子，在萌发出叶子的叶腋处开花。但是，南五味子属于雌雄异株，因此如果想要欣赏到好看的果实，就要特别注意对雌株的培育。

如果植株生长成熟，单株也能结出足够数量的果实，但是2—3株并植，能够结出更为壮观的果实。

● 枝条的生长 ●

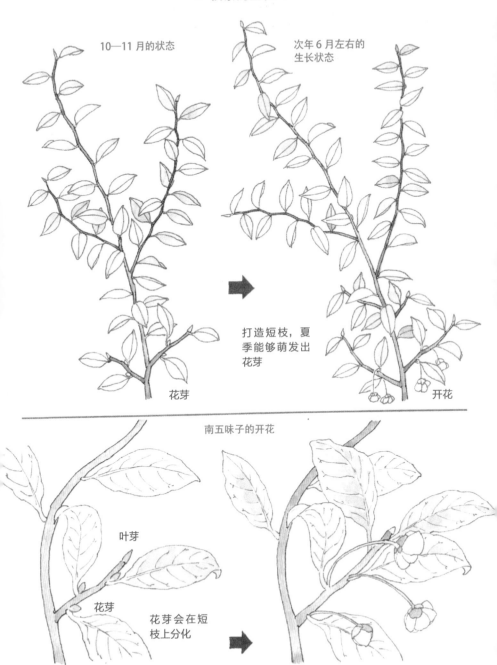

10—11 月的状态

次年 6 月左右的生长状态

打造短枝,夏季能够萌发出花芽

花芽

开花

南五味子的开花

叶芽

花芽

花芽会在短枝上分化

雪松

雪松是在喜马拉雅山西部地区和非洲、地中海地区分布的一种常绿性乔木。在雪松的产地其树高能够达到30m左右。主枝呈下垂状平展、微斜展或微下垂，树姿雄伟，气势磅礴。享有世界三大美树的称号。雪松也被称为喜马拉雅雪松。

○**种植时期**——4—5月或者9—10月是种植的适宜期。在寒冷地区适宜在春季种植。

○**较适宜的种植场所**——选择光照条件以及排水良好的环境。要注意的是，雪松喜凉爽湿润，不喜干燥。

○**施肥的方法**——不需要对其进行特定的施肥。在肥沃的土壤环境中会造成雪松生长过快。

○**修剪的技巧**——主要以对株高和冠幅的限制性修剪为主，整体上以打造较小的株形为主。

适度剪枝以便打造接近自然形态的树形

雪松在苗木期基本不需要修剪。这一时期主要培育雪松植株的长势。

从笔直的主干生长出的枝条向四面八方延展开来，沉稳的枝条垂摆而下。那种雄伟的树姿是雪松最有魅力的地方。但是，在一般家庭庭院中，由于庭院空间有限，因此应根据庭院空间的大小来打造雪松的树形。

○**第二主枝保留3根左右即可**在保持雪松的自然树形的同时打造较小株形，需要对雪松的枝条进行相应的修剪。

为了控制雪松的枝条，不让其过度生长，首先，要在主枝的根处将第二主枝保留3根左右，将其他部分修剪掉。在保留的枝条上会长出新枝，随着新枝的增加，枝梢部分会呈现出下垂的状态，能够形成雪松自然下垂的精美树姿。

○**要去除细枝**雪松的发芽速度非常快，因此即使将枝条修剪得非常短，也能够很快地萌发出小枝。但是，雪松的细枝很容易枯萎，因此要对其进行疏枝修剪，或者尽量打造枝条同样粗细的雪松株形。

打造圆锥形或者圆柱形等人工形态树形

如果因为庭院空间过小，很难打造雪松的自然株形，也可以将雪松打造成圆锥形或者圆柱形等人工形态。

○**在初夏进行修剪**雪松的修剪适宜期是在春天萌发的新枝已经停止生长的6月下旬至7月之间。因为雪松的枝条生长力很强，所以对其进行轻度修剪也没有问题。

○**修剪要点**可以根据庭院空间的大小，将雪松的主枝的高度控制在1.5—2m。根据个人喜好的株形，针对主枝和第二主枝进行修剪。

● 打造小型株形的修剪方法 ●

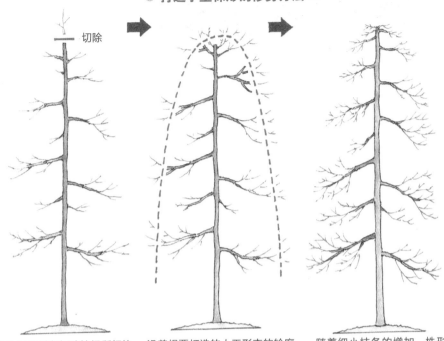

切除

将株高限制在与种植场所相协调的高度

沿着想要打造的人工形态的轮廓修剪分枝

随着细小枝条的增加，株形开始形成

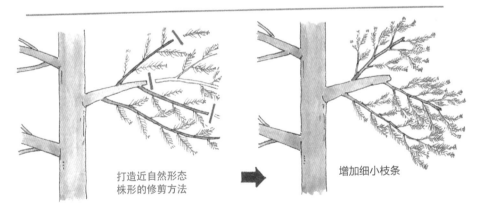

打造近自然形态株形的修剪方法

增加细小枝条

将主枝上的第二主枝保留3根左右，其余的部分进行回缩修剪

随着枝条数量的增加，枝梢部会开始下垂，呈现出近自然形态的株形

在这种修剪下，虽然雪松会失去其本身特有的风格，但这是适合在小型庭院空间中种植雪松的修剪方法。随着细小枝条的增加，会形成整齐茂盛的针叶树姿，甚是有趣。

紫叶李

紫叶李是由苹果和变叶海棠自然杂交衍生出来的品种。弯弯的枝头上生长着直径2cm左右的小苹果，作为庭院用树，也是极富魅力的。有一点遗憾的是紫叶李的果实不能生食。但做成水果酒，我们可以享受它的颜色和味道带来的乐趣。

○**种植时期** ——3月中旬至4月中旬，新芽萌发前的时期是种植的最佳时期。种植时要避开严寒期。

○**较适宜的种植场所** ——光照以及排水良好的环境较适宜种植。耐寒，并且对北风的抵抗力也较强。

○**施肥的方法** ——1—2月期间要施加冬肥，9月可添加一些磷酸成分较多的复合肥料。

○**修剪的技巧** ——以疏枝修剪为主。主要针对突枝或者下垂枝进行枝条的修剪。

在幼苗的周围堆上土圈，进行浅植高培，根系会生长很快

购买苗木的时候一定要仔细看好树干的状态，能很清楚地分辨出紫叶李的树苗是嫁接树苗。这时有一点很重要，即使我们不喜欢树干上有嫁接时的伤口暴露在表面，也不要将紫叶李栽植过深。如果栽植过深不仅会造成根系生长缓慢，也会影响后期整体植株的生长发育。

如果担心土壤的透水性，可以在苗木周围垒上土堆，对苗木进行浅植高培。无论怎样种植，都需要使用细竹竿对植株进行固定。

在幼苗的时候就应尽量打造好的树形

在苗木幼龄期（5—6年）的时候不要频繁地对其进行修剪，这一时期主要目的是培育主枝。随着主枝良好地生长，苗木整体的长势也会变得很快。

主要是以冬肥和9月进行的施肥为主。施肥时应注意不要添加过多氮成分的肥料。在使用油渣作为肥料的时候，一定要混合30%的骨粉。另外，苗木如果已经能够开花，一定要在花期结束后追肥。

应该从中间进行疏枝，剩下的枝条应进行适度剪枝

修剪在2月左右进行。首先要对长势过强的突枝或者下垂的枝条等影响整体形态的枝条进行修剪。通过这样的修剪，让充足阳光照入树冠，能够照射到树干上。

紫叶李的花芽在侧枝和短枝上萌发。因此，对于徒长枝，在其发芽之前就要进行回缩修剪，同时注意侧枝和短枝的打造。

让苗木多结果的技巧

虽然紫叶李是自花授粉的树种，但是孤植形式下的紫叶李仍然会出现结果不良的情况。这时候可以将同属的海棠等树种栽植在紫叶李的周围，在花期进行人工授粉，以增加结果率。

● 苗木株形的打造 ●

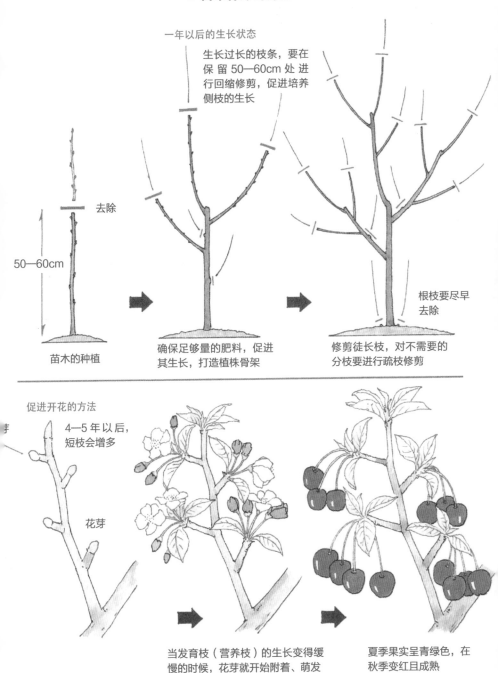

一年以后的生长状态

生长过长的枝条，要在保留 50—60cm 处进行回缩修剪，促进培养侧枝的生长

去除

50—60cm

苗木的种植

确保足够量的肥料，促进其生长，打造植株骨架

根枝要尽早去除

修剪徒长枝，对不需要的分枝要进行疏枝修剪

促进开花的方法

4—5 年以后，短枝会增多

花芽

当发育枝（营养枝）的生长变得缓慢的时候，花芽就开始附着、萌发

夏季果实呈青绿色，在秋季变红且成熟

少花蜡瓣花

从地表会生长出几十根枝干形成丛生，萌发的细枝在植株四周呈下垂状，形成少花蜡瓣花柔美而独特的树姿。3月下旬左右，在叶片萌发之前会长出长圆状倒卵形至宽倒卵形淡黄色的小花。与蜡瓣花相比，少花蜡瓣花的花会小很多，因此得名。

○**种植时期**——2月下旬至3月上旬是种植适宜期。在温暖地区12月也可以进行种植。

○**较适宜的种植场所**——光照条件良好，且能够确保适当温度的环境，适合少花蜡瓣花的生长。

○**施肥的方法**——施冬肥以及8月下旬要对其进行一次施肥。可以使用油渣和骨粉混合的肥料。

○**修剪的技巧**——少花蜡瓣花的枝叶会生长得较为茂密，因此可以通过修剪将株形打造成为自然形态。

在日式庭院中打造有趣的自然形态树形

少花蜡瓣花枝叶呈纤细状，花朵也较小，因此少花蜡瓣花经常给人以柔美的印象。少花蜡瓣花呈自然形态丛生状生长，属于灌木。虽然可以让其自然生长，但是如果植株过大，与庭院空间太不协调，可以通过疏枝修剪对少花蜡瓣花的株形进行调整。

○**修剪的重点**修剪的适宜期在2月左右。修剪时主要对影响树形美观较大的树枝进行修剪，尤其是长势弱的细小枝条、生长过于茂密的小枝等，从枝条根部进行修剪。

如果出现影响视觉美观的徒长枝，应立刻在花期结束后，在保留枝条5—6个芽的位置进行回缩修剪。

在徒长枝上也能够萌发出附着花蕾的短枝，这样的短枝也能在次年萌发出花蕾并开花。同时，树冠会随着树木的生长不断地扩大，因此对苗木的修剪以及养护一定不要懈怠。

在花谢后进行枝条以及树形的修整

少花蜡瓣花与蜡瓣花相比，开花期会延迟一周左右，在3月下旬开花。在花期结束之后会有新芽生长，形成新枝。在新枝上会萌发出顶芽和侧芽，7月期间会有花芽开始分化。

如果不想让树冠过于茂盛，仅呈半圆状进行列植，在花期结束以后可以对其进行中度修剪。

将植株的新枝控制在1m左右，更适合在欧式庭院中配植。

枝条较粗，花数量也较多的蜡瓣花

蒴果

自然形态和人工形态的打造

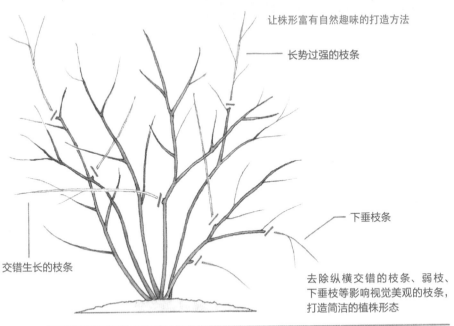

让株形富有自然趣味的打造方法

长势过强的枝条

下垂枝条

交错生长的枝条

去除纵横交错的枝条、弱枝、下垂枝等影响视觉美观的枝条，打造简洁的植株形态

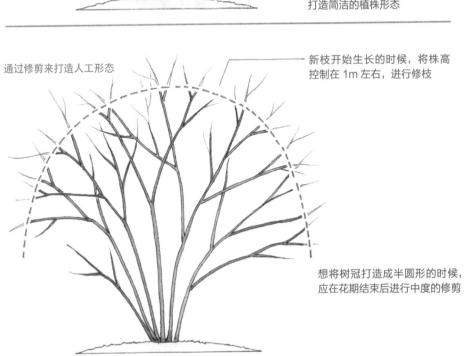

通过修剪来打造人工形态

新枝开始生长的时候，将株高控制在 1m 左右，进行修枝

想将树冠打造成半圆形的时候，应在花期结束后进行中度的修剪

金丝桃

金丝桃的树高大，都在1m左右，细枝呈半圆状生长。在每根枝条的梢头可开出3—5朵直径为4—5cm的黄色花。从梅雨季节开始至夏季期间是其他庭院植物开花较少的时期，金丝桃作为在这一时期能够给庭院带来明艳色彩的花木被广大爱好者所喜爱。

○**种植时期**——3—4月是种植的适宜期。需要注意的是，在根系富含水分的时候尽快进行栽植。

○**较适宜的种植场所**——金丝桃适合生长在湿润的半阴环境，它主要用于乔木下层空间的景观配植。

○**施肥的方法**——可以使用骨粉并添加少量油渣，作为冬肥以及花期结束后的追肥。

○**修剪的技巧**——对生长过长的枝条进行回缩修剪，尽量保持自然形态的树形。

一旦选错了种植空间，就欣赏不到金丝桃好看的花和叶

虽然金丝桃对土壤的要求不严，并且花的长势很旺盛，但是它对阳光的直射以及夏季的干燥环境的抵抗能力并不强。因其叶子较薄，所以一旦造成日灼伤害，不但会让后长出来的叶片失去色泽，也会对花芽的附着和分化造成不良影响，所以给金丝桃选择良好的栽植空间选择是非常重要的一件事情。

想要保持自然形态的树形，应适度修剪过长的花枝

因为金丝桃属于丛生植物，所以它的新枝会每年从地表萌发。金丝桃树形的自然形态是枝条呈半圆状向四周生长。当然我们可以通过修剪来打造金丝桃的株形，但是细长的枝条向四周低垂延展生长的造型才是金丝桃本身最富有魅力的地方。所以，一般来说，我们应在尽量保持其株形呈自然形态的基础上进行整姿、修剪作业。

另外，值得注意的是，春季金丝桃的花会在一年生枝的梢头附近附着并开花，所以如果此时对新枝进行修剪，就不会看到金丝桃开花的样子。这也是尽量保持其株形呈自然形态生长的重要原因。

○**修剪作业要在花谢后进行** 在花期结束之后，要对生长过长的花枝进行适当的回缩修剪，这样有利于枝条的生长和观赏。另外，需要注意尽量不要把株形修剪得过于整齐。

○**较大枝条的修剪** 如果枝条的生长变得与周围庭院空间不协调，可以将老化枝条从根部去除，同时也将一些长势不好的弱小枝条一并去除，让枝条自然更新。

通过这种修剪的方法，即使将植株修剪得很小，第二年也能看到好看的花朵。

较小体量植株的分株

金丝桃的株形可以打造成较小体量的。主要通过分株作业来实现，时间上应在新芽萌发前的

● 整姿的重点 ●

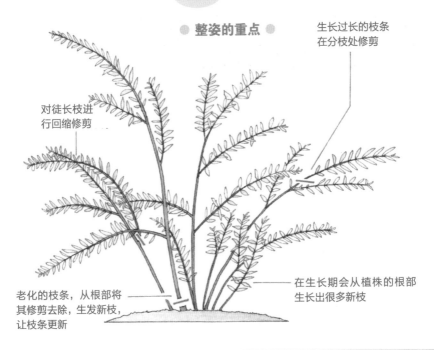

生长过长的枝条
在分枝处修剪

对徒长枝进
行回缩修剪

老化的枝条，从根部将
其修剪去除，生发新枝，
让枝条更新

在生长期会从植株的根
部生长出很多新枝

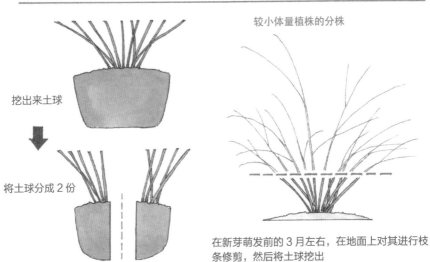

挖出来土球

将土球分成 2 份

较小体量植株的分株

在新芽萌发前的 3 月左右，在地面上对其进行枝
条修剪，然后将土球挖出

3 月中下旬进行。

　　首先，在地表上 1/3 处对金丝桃整体进行修枝作业。其次，将一棵根系直径 40cm 左右的植
株挖出，分成两株后进行栽植。两年后就会自然地长成新株。

火棘

初夏火棘叶腋处会密生出 4—5mm 的白色小花，在此之后枝梢上会长满无数的绿色果实。进入深秋，成熟后的绿色果实会呈现出鲜艳的颜色并招来觅食的小鸟。根据火棘种类的不同，其果实的颜色也各不相同，因此在购买苗木的时候要认真确认好火棘的种类。

○**种植时期** —— 气温已经变暖的 4—5 月或者 8—9 月是种植的适宜期。

○**较适宜的种植场所** —— 日照条件、排水条件较好的场所，以及能避开冬季寒风的场所最为合适。

○**施肥的方法** —— 可以将油渣混入 30% 左右的骨粉，作为冬肥进行施肥。

○**修剪的技巧** —— 对 10 月下旬出现的徒长枝进行回缩修剪。修剪时，一定要选择好适宜的时期。

欧洲火棘更容易调整树形

火棘是欧洲火棘的总称。所以，在购买苗木的时候，即使在苗木的名牌上已经写有火棘，也需要确认其果实的形态以及颜色等特征。

目前在市场上贩卖的园艺火棘品种主要有窄叶火棘、全缘火棘、细圆齿火棘、台湾火棘、澜沧火棘等。

作为庭院植物常用的品种主要为欧洲火棘和窄叶火棘。

○**欧洲火棘**不但作为以观赏果实为主的庭院植物被应用，同时也被用于绿篱。在叶缘处有细小的锯齿，果实成熟后呈鲜艳的红色，这是欧洲火棘显著的特征。

欧洲火棘的花芽在 9 月左右开始分化，因此要注意在花芽分化前的 6—7 月针对春季就开始生长的徒长枝进行相应的回缩修剪。这样的修枝作业并不会影响到花芽的分化。在第二年的 5—6 月便能够开花，因此欧洲火棘是较为容易进行养护和管理的品种。

○**窄叶火棘**叶缘处没有锯齿，果实呈橘黄色，这是窄叶火棘与其他品种火棘的主要区别。

必须注意，6—7 月是徒长枝生长较为旺盛的季节，同时也是窄叶火棘花芽分化的季节。如果这个季节对其进行修枝，必然导致植株不开花。这也说明窄叶火棘是较难整枝修剪的品种。

修枝作业的季节主要在 3 月中下旬进行。因为不能在新枝生长旺盛的时期对其进行修剪，所以窄叶火棘并不适合打造成绿篱等。

即使在老枝上同样容易萌发出长势旺盛的徒长枝

无论哪个品种的火棘，都会在春季开始萌发的枝条根部生长出刺状的短枝上分化花芽。但是

● 树形和徒长枝的修剪 ●

徒长枝 ——

10 月下旬以后
要进行回缩修剪

短枝 ——

前一年的结果枝

花芽 ——

腋芽处会有花芽形成

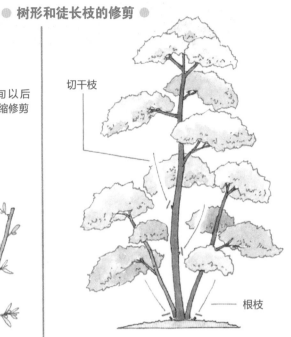

切干枝

根枝

以打造多枝干株形为例。枝条的修剪可以
与打造散球状株形相同。火棘很容易长出
切干枝或者根枝,应及时进行修枝作业

有些时候在一些老旧枝条上会生长出扰乱枝条的徒长枝。

这种情况下修剪的技巧是,不管什么品种在 10 月下旬至 11 月上旬时,在保留 5—6 个芽处进行回缩修剪。这样既不会损失花芽,也能够达到对树形整理的目的。这样在年末整理好树形,刚刚好能够迎合新春的到来。

花芽长势不好的时候应减少施肥量

火棘只要开花,我们就一定能够观赏到火棘带有颜色的果实。造成一些枝条不开花的原因主要有两个,一个就是枝条修剪的时期不正确;另一个是施肥的方法不正确。

如果火棘的肥效过大,随着植株的生长,花芽会很难附着在枝条上。2 月左右可以使用油渣,同时混入 30% 的骨粉,作为冬肥进行施肥,另外可以免去花谢后的追肥作业。

紫藤

紫藤是十分美丽的植物。大面积的蓝紫色花房，呈下垂状开放的花姿十分壮观。还能作为服装上的印花图案被广大爱好者所喜爱。一般来说是将紫藤打造成凉棚状，但是利用不同紫藤的株形特点，打造单株株形的紫藤也是别有风情。

○**种植时期**——2月下旬至3月中旬或者11—12月期间进行种植。

○**较适宜的种植场所**——富含腐殖质丰富的肥沃土壤，光照条件良好，湿润的环境最为合适。

○**施肥的方法**——主要施冬肥，8月下旬时可将混有油渣和骨粉各半的肥料撒在植株根部周围。

○**修剪的技巧**——枝条在生长期会开始生长。当植株开始落叶的时候，在春季之前对枝条进行回缩修剪。

栽植紫藤时，尽量保证其根系完整

紫藤在种植的时候很容易伤害到根系。因为，我们购买的苗木都是带着土球搬运过来的。如果这些苗木与其他庭院苗木一样都对根系进行了修剪，会伤害到根系，造成紫藤根系较难恢复生长。因此购买紫藤苗木，最重要的是要在信誉较好的店铺进行购买。

另外，很重要的是紫藤的种植场所。因为紫藤是观花植物，所以需要日照条件较好的生长环境。但是，紫藤的根系部分最好避免阳光直射。紫藤喜水分充足的生长环境，因此经常种植在水边。不仅是因为在水边栽植能够形成一道美丽的风景线，也是因为在梅雨季节结束以后池塘的水位会变高，能够避免夏季的干燥给紫藤生长带来的影响。

在12月以后进行剪枝

紫藤进入生长期以后，新的枝条会生长得很快，叶子也会生长得很茂盛（开花植株会在4—5月期间开花）。

这样的枝条在光照条件充足的地方更容易萌发出花芽，因此不要因为枝条过长就对其进行回缩修剪。如果枝条过长，可以在进入8月以后对紫藤的枝梢部分进行剪枝作业。

○**紫藤的开花**紫藤的花芽不会在生长较长的枝条上附着并分化。在12月左右，叶子会完全脱落，枝条根部的短枝上会形成凸起的花芽。从这一时期开始至2月左右这一期间，可以在保留花芽的5—7节处对枝条进行回缩修剪。

枝条上如果出现凸起物要立即修剪

在紫藤的枝干部分或者枝条部分长出凸起物，这是细菌繁殖引起的现象，如果对其置之不理，凸起会变大并且胀裂。因此，要在凸起能够控制的阶段将其去除并做焚烧处理。剪切口用硫酸链霉素消毒，之后还要用嫁接蜡进行密封。

● 枝条的修剪方法与花芽附着特点 ●

7—8月，根据气候，可以将
枝梢部进行轻度的去枝作业，
控制枝条的生长

落叶期在保留
花芽的5—7节
处进行修剪

花期结束后生长出
来的长枝

叶芽

花芽

短枝

分化成花芽

花房脱落后
留下的痕迹

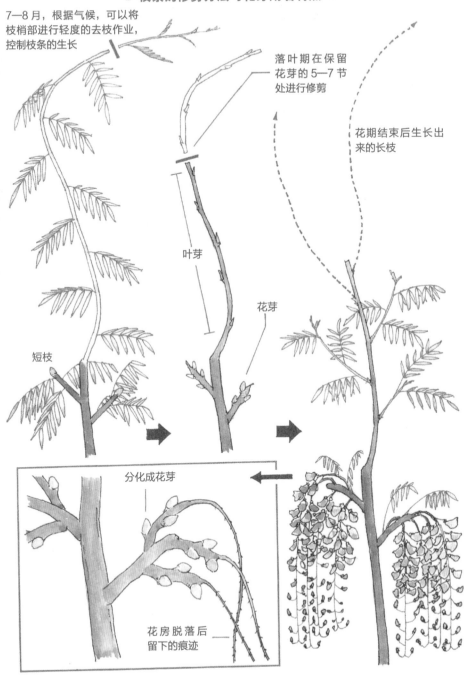

芙蓉

芙蓉会从地表生长出若干植株，形成丛生，树高在 2m 左右。进入夏季以后，枝梢处会接连不断地开出直径 10cm 左右的大瓣花朵。花在清晨呈白色或者淡粉色，中午呈桃色，傍晚呈红桃色。芙蓉开的花一日三变，所以又叫"三变花"。

○**种植时期**——3 月中旬至 4 月上旬是种植的适宜期。可在挖好的树穴中混入足够量的堆肥。

○**较适宜的种植场所**——光照条件较好的场所。喜好较为湿润、水分充足的环境，因此避免将其种植在干燥的环境。

○**施肥的方法**——2 月和 9 月施肥两次。油渣和复合肥料各掺一半，混合后施肥。

○**修剪的技巧**——在修整株形的时候，尽量将枝干的数量保持在 3 株左右。

作为庭院树木要选择木芙蓉

芙蓉的种类丰富多样。不仅是叶形、花形、花色不同，除了有半落叶性的乔木之外，还有一年生及多年生的草本芙蓉。在选择苗木的时候，选择木芙蓉较为稳妥。

作为盛夏季节备受欢迎的木槿属植物，芙蓉是温带地区的庭院中特有的观赏用庭院树木。

有名的醉芙蓉的特点

说到芙蓉，醉芙蓉是非常有名的种类。醉芙蓉开花后不像木芙蓉那样茂盛，但是花瓣呈聚集状，重瓣。醉芙蓉在花朵初开时呈白色，但是随着时间的变化，会渐渐变成粉红色，到了午后至傍晚会变成更浓的深红色。因其有这一特性，所以也叫"三醉芙蓉"，是十分有人气的品种。

醉芙蓉是木芙蓉的变种，由于其数量十分稀少，因此如果能找到醉芙蓉的苗木，在庭院中栽植一棵也是十分好的选择。

为了次年也能开出好看的花，冬季要进行防寒保护

半落叶性的芙蓉，在进入冬季以后，如果只保留植株的根部，会很容易造成地表部分的植株出现枯死的现象（在冬季温度较高的地区不会出现枯死的现象）。

如果持续这个状态越冬，次年芙蓉只能开出很小的花朵。因此，需要进行以下的养护管理。

○ **对地表部分的植株进行修剪** 进入 11 月以后，芙蓉大部分的叶子会凋落。因此，在第二年的 2 月之前，将距离地表 15—20cm 的位置进行枝条的修剪。然后，在根系部分的地表铺上稻草，再用落叶或者干草等对植株进行防寒养护。这样能够保证第二年芙蓉发芽的数量、质量以及开花数量。

● 芙蓉的开花特点和冬季的养护 ●

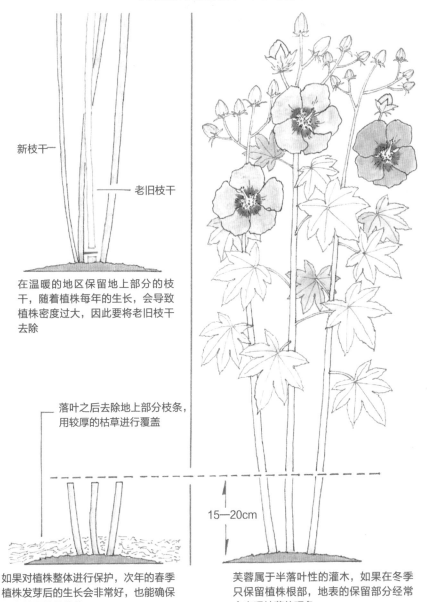

新枝干

老旧枝干

在温暖的地区保留地上部分的枝干，随着植株每年的生长，会导致植株密度过大，因此要将老旧枝干去除

落叶之后去除地上部分枝条，用较厚的枯草进行覆盖

15—20cm

如果对植株整体进行保护，次年的春季植株发芽后的生长会非常好，也能确保开出美丽的芙蓉花

芙蓉属于半落叶性的灌木，如果在冬季只保留植株根部，地表的保留部分经常会出现枯萎的现象

○ **气候温暖地区的养护方法** 在气候较为温暖的地区，芙蓉的植株不会出现枯萎的现象。因此，次年的枝干数量也会增加。因此，要对生长过密的枝条进行疏枝修剪。修剪在新芽开始萌发时较为合适。在株形的打造上，打造 3 株丛生的主枝较为适宜。

木瓜海棠

木瓜海棠适合种植在小型庭院中。花茎 3cm 左右，花呈白色、桃色、红色、淡黄色，甚至有红白色花同株生长的情况，因此十分多彩。在冬季开花的被称作冬木瓜海棠，在春季开花的被叫作春木瓜海棠，通常在庭院中栽植的是春木瓜海棠。

○**种植时期**——10 月上旬至 11 月是种植的适宜期。可使用稻草铺在根系部分，防止干燥。

○**较适宜的种植场所**——光照良好、略湿润的环境是种植的必要条件。

○**施肥的方法**——冬肥可以使用堆肥，9 月上旬可使用化合肥料进行施肥。

○**修剪的技巧**——花期结束后，可以通过修剪过长的徒长枝来调整树形。

在春天种植木瓜海棠容易出现根部囊肿病

木瓜海棠的苗木在春季栽植，根系会很容易生长，但是在晚秋种植的较为多见。主要原因是为了避免发生根部囊肿病（牡丹等也是同样的）。

这种病变的征象是，在根部附近会有不规则的凸状隆起，表面呈现出龟裂状痕迹。如果放置任其生长，凸状隆起会变大且植株开始腐烂。

根部囊肿病是比较有代表性的土壤病害，主要是土壤中的细菌侵入苗木中所导致的。细菌在土壤中生存的时间较长，因此一旦发现有病变的植株，只能立即将其拔出，进行焚烧处理。在购买木瓜海棠苗木的时候，有必要仔细辨别苗木的根系是否有凸状隆起。

另外，在发现病变的地方应使用安百亩进行消毒，否则不能在该处继续进行栽植。

应利用木瓜海棠的花芽分化迟缓这一特性进行剪枝

木瓜海棠的新枝会在地茎附近开始萌发生长，形成丛生状植株。在进行群植、列植或者作为绿篱打造的时候，最好将植株控制在与周边环境相协调的高度。

○**春季的修剪**花期结束后是木瓜海棠修剪的适宜期。可将扰乱树形的徒长枝、缠绕枝以及长势弱的切干枝等忌枝进行去除。

○**秋季的修剪**木瓜海棠的花芽分化较晚，在 8 月下旬至 9 月上旬。因此，要避免夏季对其进行修剪。11 月下旬，当树叶脱落干净的时候，能够看清枝条以及芽的状态。这时候可以在保护好一年生枝的根部以及花芽的基础上对其进行枝条的修剪。

另外，木瓜海棠幼龄苗木的长势较为旺盛，因此更容易生长出徒长枝。有时徒长枝会达到1m 左右。这时候可以在枝条停止生长的 7 月左右对其进行适当的回缩修剪，作为次年的开花枝进行培育。

● 开花和新枝的生长 ●

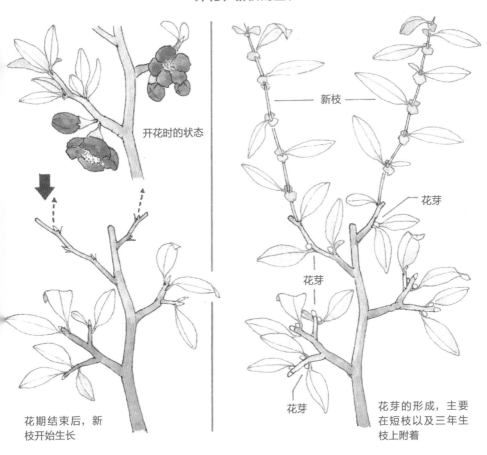

开花时的状态

花期结束后，新枝开始生长

新枝

花芽

花芽

花芽

花芽的形成，主要在短枝以及三年生枝上附着

增加同株异色品种开花量的技巧

一般来说，春木瓜海棠的花呈橘红色，呈五枚单瓣状开放。但是也有很多园艺品种在同一植株上分别开出红色和白色的花朵。其中具有代表性的品种是东洋锦海棠，在东洋锦海棠的花期中能够同时开出红色和白色的花朵。

同株异色品种在进行扦插的时候，一定要选择开红色和白色花的枝条作为接穗。同株异色是一种花芽的变异，因此如果用仅开白色花的枝条或者仅开红色花的枝条作为接穗，最后嫁接出的枝条也只能开出白色或者红色的单色花朵。

牡丹

与芍药相比，牡丹华丽的花姿，具有非常高的人气。芍药是冬季期间地表部分会枯萎的多年生草本植物，牡丹属于木本植物。在绿意盎然的 4—5 月能开出直径 20cm 左右的花朵。因此牡丹也有"花中之王"的称号。

○**种植时期**——9 月中旬至 11 月上旬较为适宜。如果在春季种植容易引起根部囊肿病。

○**较适宜的种植场所**——光照和排水良好且肥沃的环境。牡丹的移栽较为困难。

○**施肥的方法**——3 月发芽之后要施肥，花期结束后也要进行追肥。这样可促进树木恢复长势。

○**修剪的技巧**——在庭院中种植时，为了能够打造较低的株形，一般在花期结束后进行修剪。

苗木种植时候的注意点

牡丹属于一旦苗木种植以后，就很难进行移栽的花木。因此，在选择牡丹种植环境的时候要充分考虑到这一特性，然后进行栽植。最好是将牡丹栽植在光线条件良好的地点，但是要避免夏季整日的光线照射以及强烈的太阳西晒。

选择土壤，略黏的土壤较为适合牡丹的生长。如果透水性不良，会引起根系的腐烂。这些可能会让大家认为牡丹是比较难养护的花木，但其实并非如此。在苗木栽植的时候，可往树穴中填入足够的堆肥和腐叶土，是保持牡丹生长状态的一个有效办法。

○**牡丹的浇水**夏天的干燥会让牡丹的长势变弱。其原因是牡丹属于浅根性生长植物，因此在 7—8 月的时候可以在植株根部周边铺上厚一点的稻草，再进行浇水。

打造较低植株的剪枝方法

如果不对牡丹进行相应的修剪，随着时间的推移，植株也会越长越高，有的能达到 2m 左右。牡丹的花朵会在枝梢处开放，所以过高的植株不仅造成观花的困难，也会让植株容易变得弯曲，影响美观。

○**花期结束后仅去除花托即可**牡丹的花期结束后应立即将花托去除。同时，尽量留住枝叶，主要目的是能够促进植株的同化作用。

○ **6 月左右要进行摘芽作业**进入 6 月，在牡丹的叶腋处会附着第二年的芽，呈鼓起状。这时可在保留 3—4 个芽的位置用镊子将枝条上部的芽去除。通过这种摘芽作业，能够让植株不会生长得过高。

○ **10 月要进行修剪作业**进入 10 月以后，就能够区分出（6 月）保留的芽是花芽还是叶芽。一般来说，在枝梢附近形成的是叶芽，因此在保留根部 2 个花芽的地方对枝条进行回缩修剪，次

● 打造较低株形的修剪方法 ●

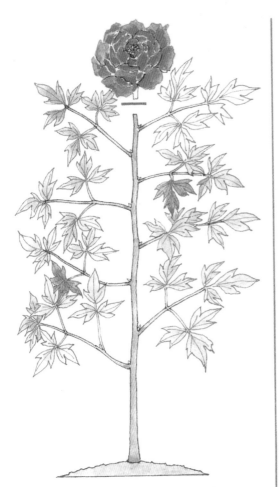

值得注意的是花期结束后，应立刻将花托修剪掉。为了促进牡丹在成长期的同化作用，尽量保留住枝叶

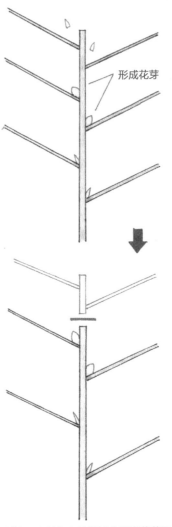

6月左右，在叶腋处会有芽凸起。可用镊子进行摘芽

形成花芽

进入10月左右就能够分辨出花芽和叶芽，这时可保留花芽去除叶芽

年就能够观赏到牡丹开出美丽的花朵。

另外，如果不追求牡丹开花的数量的话，有一个技巧是在1棵植株上保留2个花托，这样就能够开出大瓣的牡丹花。

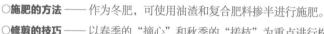

松树

庭院的主景树，首先让人想到的就是松树，无论是树形还是品格，都是首屈一指的。

○**种植时期**——12月至次年2月是种植的适宜期。以土台形式栽植会促进松树的生长。

○**较适宜的种植场所**——光照良好的环境较为适宜。光照、通风条件不好容易造成树冠下部的枝条枯萎。

○**施肥的方法**——作为冬肥，可使用油渣和复合肥料掺半进行施肥。

○**修剪的技巧**——以春季的"摘心"和秋季的"搓枝"为重点进行株形打造。

栽植在庭院中的松树种类

松树有很多种类，作为庭院中观赏用的松树主要有以下几种。

○**黑松**黑松也被称为雄松。叶形粗硬，树干表面有黑色的纹理。叶片呈两针一束状生长。根系生长较深，出芽也很结实。

○**红松**红松的树干带有红色纹理。叶形纤细且柔软，因此红松也被称作雌松。叶片呈两针一束状生长。根系生长较浅，虽然长势不如黑松那么旺盛，但红松优雅的气质、品格是在松树里首屈一指的。

○**五叶松**五叶松的特点是叶形较短，呈五针一束状。五叶松生长比较缓慢，较容易保持良好的树姿，因此作为庭院树木，五叶松的爱好者也非常多见。五叶松的学名是五针松。

○**金松（日本金松）**金松是红松的变种，在主干的根部附近会有很多分枝生长，树冠呈伞状，向四周延展生长。金松的株形纤细而柔美，是非常适合欧式庭院的，但遗憾的是树龄较短。

○**大王松**原产于北美的松树，呈三叶一束状生长。针叶的生长超过30cm且大片生长，气势雄伟。更适合草坪面积较大的庭院空间。

在种植松树的时候注意不要破坏土球

松科植物在进行种植的时候，会有用稻草等包裹着根系的土球（这样的部分一般被称作"根钵"，庭院景观设计师一般叫它"钵"），在种植时注意不要破坏这些土球。松树的根系上会附白色的粉状共生菌，如果抖落掉，会影响松树的生长。土球外包裹着的稻草会随着时间自然腐烂。

使用塑料袋等包裹的幼龄苗木，在进行种植的时候，注意保护好土球不受破坏，摘除塑料袋后进行栽植。

◉ 摘芽的重点 ◉

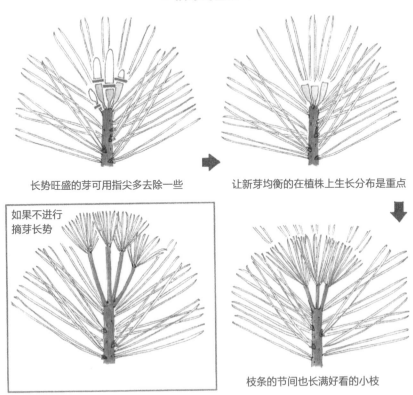

长势旺盛的芽可用指尖多去除一些

让新芽均衡的在植株上生长分布是重点

如果不进行
摘芽长势

枝条的节间也长满好看的小枝

打造精美的小枝时不可缺少的摘芽

松树每年都会萌发出若干新枝。作为庭院树木，在这样的芽还没有形成叶片的时候，要将其摘除，这样一来可以达到对小枝进行整形的目的。这种对松树的养护管理也叫作摘芽作业。

○**摘芽时的重点**如果想让枝条长得稍长一些，可以将芽保留长一些；如果不想让枝条生长过长，可以进行重度摘芽，将芽保留短一些。一般来说，长势较强的芽可以保留 1/3，长势较弱的芽可以摘除 1/3。总而言之，摘芽作业时要保证新枝与树木长势的平衡，打造出长势均匀的小枝才是最佳摘芽作业的效果。

摘芽最终的目的是枝叶生长茂密，枝条的节间也能够长满茂盛的小枝。没有进行摘芽的枝条，在枝条根部不会有叶片萌发，枝条呈笔直状生长。此时的松树无论树干部分的纹理有多么好看，也难以打造出精美的冠形。

即使有想要剪除的枝条，也要避免在春季剪枝

即使是每年都进行修剪的植株，偶尔也会长出无用枝条。如果无用枝条过多，就会影响树形的整体美感，也会影响冠层中的日照和通风效果，造成枯枝和病虫害等。

另外，一定要避免在春季对松树进行修枝作业。春季是树液流动旺盛的时期，因此主干的树皮和分枝的树皮很容易脱落。如果对枝条进行剪枝，在切口处会有松香流出，这样不仅会影响整体的美观，也会招致喜欢松香的昆虫聚集过来。

如果无论如何都要进行修枝作业，可以在新枝的生长和老旧叶片脱落后的秋季进行修枝养护作业。

秋季进行松树的修叶作业

修叶是其他庭院树木不需要进行的，而是仅限于松科庭院树木的一种养护管理方法。主要是将一年生枝下部所残留的叶片，通过用手揉搓的方式将其摘下的方法。

○**修叶的目的** 不论是哪一品种的松树，都是阳性树种的代表。如果树冠上部的枝条过于茂盛，导致下层空间接受不到阳光的照射，就不会形成光合作用，导致下层空间的枝条出现枯萎的现象。因此，减少树冠上层空间的枝叶，让下部空间能够接收到足够的阳光，是十分必要的。

这也是在对松树进行养护管理时最花费时间和精力的部分。即使这样，进入 9—10 月，也一定要保证松树的养护管理。

○**修叶的顺序** 从仔细观察树干的长势和树冠的整体开始。

发现枯枝或者长势较弱的腹枝要将其去除。如果发现有长势过密的部分，在考虑枝条整体长势的前提下进行疏枝作业。如果发现长出松塔，一定要进行摘果作业。如果放任松塔自然生长，会让植株整体生长疲惫。因此，要将松塔全部去除。

修叶要从上部枝条开始。

对于二年生枝上的叶片，用双手一边揉搓，一边将其摘除。较难摘除的叶片，可以用手指将其从枝条上拔下，但在拔叶片的时候要注意避免将枝条上的树皮也一同剥落下来。

在拔取叶片的数量上，想让枝条长势强，可以多保留一些叶片，但是想控制其长势，可以少保留一些叶片。一般来说，在一年生枝的枝梢上保留 30—40 片，在枝条的根部以及二年生条上的叶片可以全部摘除。

另外，在枝条的上部可以进行中度修叶，而下部的枝条应多保留一些叶片。尤其是长势较弱的枝条需要避免进行修叶，类似这样的养护管理工作进行得越精细，就越能够打造出精美的松树株形。

● 修叶的重点 ●

在二年生枝上附着的叶片可以
用两手将其揉搓掉

二年生叶片

越是长势旺盛的植株，二年生叶片附着
得就越牢固

叶片揉搓不掉的时候，可以用
手指一根一根地将其拔除

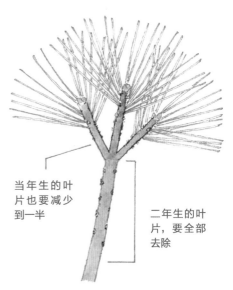

当年生的叶
片也要减少
到一半

二年生的叶
片，要全部
去除

修叶结束后的状态。枝条根部较为通透，
冠层中间能够得到良好的光照和通风

卫矛

进入初夏，在卫矛二年生枝的短枝上会生长出淡绿色的花，观赏价值不高。但是在秋季会有橘红色的蒴果从假种皮中露出，样子十分可爱。另外，秋季卫矛的叶片红艳夺目，十分美观，具有观赏价值。

○**种植时期**——一般来说2月下旬较为合适。在温暖地区11—12月也能够进行种植。

○**较适宜的种植场所**——在半阴处也能生长，但是在日照条件越好的环境中结果的数量也越多。

○**施肥的方法**——基肥可以使用堆肥，2月和9月的追肥可以使用油渣和骨粉的混合。

○**修剪的技巧**——减少冠层内部的细枝，修剪时要考虑冠层的光照和通风情况。

购买苗木时要注意选择雌株

卫矛是雌雄异株的落叶性灌木。因此，如果不进行雌株栽植，就欣赏不到成果的乐趣。如果不能分清楚雌株或者雄株，可在4月下旬至5月的花期购买盆栽的苗木。等到适宜种植时，再将其移栽到庭院中。

在购买盆栽的卫矛时，要仔细观察雌花的特征。如果错买成雄株，就会导致不结果。因此，弄清楚卫矛花朵的雌雄对后期的栽植也十分有用。

如果培育自然形态的树形，其实不会太费事。卫矛是庭院树木中比较好管理的树种，即使放任其自然生长，树形也不会凌乱，能够保持植株的自然形态。

每年1—2月，主要的养护管理是要对冠层内的细枝进行疏枝修剪，增加冠层间的通风和采光。

影响美观的徒长枝可进行回缩修剪

一般来说，卫矛的花芽会在二年生的短枝上附着。在徒长枝上基本不会有花芽分化，因此在打造树形的时候，除了保留的枝条外，的其他枝条可以从根部去除。

修剪在1—2月期间，树冠的枝梢部分应尽量打造成由短枝构成的冠层结构，这样开花的数量也会随之增加。

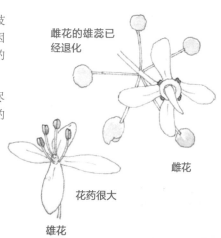

雌花的雄蕊已经退化

雌花

花药很大

雄花

● 花芽的附着和修剪的方法 ●

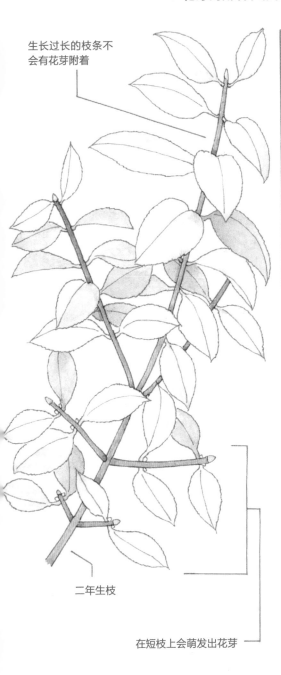

生长过长的枝条不
会有花芽附着

二年生枝

在短枝上会萌发出花芽

落叶期的状态。将没有花芽
附着的长枝从根部去除

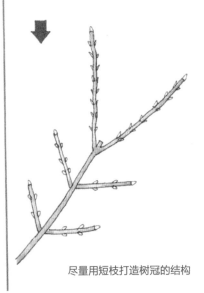

尽量用短枝打造树冠的结构

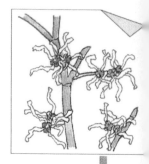

金缕梅

　　用金缕梅鲜艳的黄色花朵装饰早春的庭院空间，自古以来它就一直被重视的庭院景观花木。金缕梅花簇生叶腋处，呈金黄色，叶形美丽，早春开花更为可贵。先花后叶，花瓣如缕近似腊梅，因此称为金缕梅。由于其耐寒，又名"忍冬花"。

○**种植时期**——2月下旬至3月上旬。在温暖地区11—12月也能够进行种植。

○**较适宜的种植场所**——光照条件良好、富含腐殖质的土壤较为适宜，但要避开干燥的环境。

○**施肥的方法**——施冬肥，在1—2月期间使用堆肥和鸡粪进行施肥即可。

○**修剪的技巧**——开花前的12月至次年1月期间对生长过密的部分进行疏枝作业即可。

将常绿树作为背景树种植在其后，更能够衬托出金缕梅的花姿

　　在萧瑟冬季的庭院中，叶子萌发之前率先开出花朵。因此，将常绿树作为背景树种植在金缕梅的后面，在花期可以一目了然地欣赏到金缕梅美丽的花朵。但是，因为金缕梅的品种较多，如开出的花朵较大的中国金缕梅，花色不同的红花荷，在晚秋开花的北美原产的北美金缕梅、日本金缕梅等。所以在购买苗木的时候一定要确认好所买苗木的种类。

　　另外，还有和金缕梅不同属的常绿种类，其花期在5—6月，如呈淡黄花色的檵木以及红花檵木等。

花芽往往长在一年生的短枝上而不是长枝上

　　在7月下旬至8月期间，会有花芽在当年生的枝条上附着并分化。但是，花芽较容易附着在生长茂密的短枝上；在同一年萌发的长枝上基本不会有花芽附着。

　　因此，根据金缕梅花芽的这一特性进行修剪，会对株形的打造有很大的帮助。

让花均匀地开满的修枝方法

　　如果将金缕梅种植在较大的庭院环境中，即使放任其自然生长，它的株形也会规整地生长成自然形态。但是这样就会导致金缕梅的花朵只集中在枝梢部分开放。

○**徒长枝要从根部去除**长势旺盛的徒长枝上是不会有花芽附着的，因此10月以后要从根部将徒长枝去除。

○**二年生枝要进行回缩修剪**对于二年生枝，花期结束之后要尽快在保留2—3个芽处对其进行回缩修剪。这主要是针对不想让其继续长高的成年树木进行的修剪作业。但是需要注意的是，如果修剪的是花期结束后生长的新枝，就会损失掉当年的花芽。

● 树形和花谢后的修剪 ●

自然形

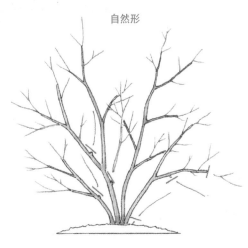

打造主干为 2—3 枝的丛生状，根部整齐的株形。适合空间较小的庭院

即使放任其自然生长，也能够形成丛生株形。对于过长的枝条或者过于茂密的部分进行疏枝修剪即可

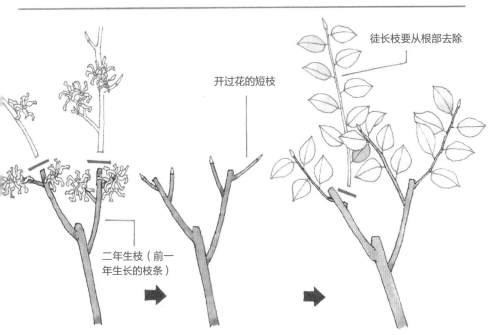

徒长枝要从根部去除

开过花的短枝

二年生枝（前一年生长的枝条）

为了能让金缕梅花在枝条根部开放，需要在花期结束后进行修剪作业

如果将二年生枝一同进行回缩修剪，即使萌发新枝，植株也不会长高

7—8 月，叶腋处会有花芽形成

朱砂根

朱砂根作为庭院树木或者盆栽树木，自古以来就是被广大爱好者所喜爱的古典植物。朱砂根用它浓绿色的叶片和深红色以及黄色的果实点缀了从秋季到次年春季这一时期色彩单调的庭院空间。另外，朱砂根的园艺品种叶片上会有多样的斑点，作为盆栽也富有趣味性。

○**种植时期** —— 4—5 月或者 9—10 月是种植的适宜期。栽植的时候，要将根系上附着的泥土去掉，之后将朱砂根栽植在浅土层。

○**较适宜的种植场所** —— 栽植的地点一般选择在落叶树的下层空间，或者选择在玄关的两侧进行栽植，这样能够避开强烈的日照。

○**施肥的方法** —— 2 月左右，可以使用混入 40% 骨粉的油渣进行施肥。

○**修剪的技巧** —— 种植好以后基本上不需要养护管理。

只要不被强光照射，就会结出品质较好的果实

朱砂根作为庭院景观用树的魅力是它挂满枝条的深红色果实。从 11 月开始一直到元旦都能够欣赏到朱砂根的果实，从古至今它一直是人气不衰的庭院景观用树。

○**让朱砂根结果的技巧**朱砂根在 7 月左右会开出白色的花，因其为雌雄同株植物，所以 1 棵朱砂根上能结出很多果实。原本朱砂根生长在密林下阴湿的空间中，所以，如果将其种植在光照条件较好的环境中，就会影响朱砂根的生长，同时也会造成朱砂根很难开花和结果。

如果在庭院中种植朱砂根，可选择半阴环境进行种植。比如作为配植性景观植物，可以将其沿着树篱旁边种植，或者种植在常绿杜鹃两侧等环境中。

○**避免过多的氮肥**从开花到结果的 7—8 月间，如果氮的肥效过度，就会很难结果。另外，朱砂根对肥料依赖性较小，在生根发芽之前的早春，进行一次以磷酸成分为主施肥，就能够结出足够量的果实。

苗木的根部过于稀疏，可以进行多株种植

朱砂根的主干呈笔直状生长，分枝点相对处于主干的上半部。因为在树干的中间部分不会有不定芽萌发，所以随着树龄的增长，植株的下层空间会变得较为稀疏，会让株形的比例显得不协调。

○**通过 3 株丛植的方法进行株形的调整**为了防止成年朱砂根的植株下层空间过于稀疏，可以在单棵孤植的朱砂根两侧种植上幼苗进行补植。这正好形成主景树两侧依附 2 棵幼树的亲子状配植，同时也是较好地调整了空间。

另外，朱砂根在早春会很自然地产生落果后发芽的现象，因此在最初进行栽植的时候要避免密植。

● 树形的修整 ●

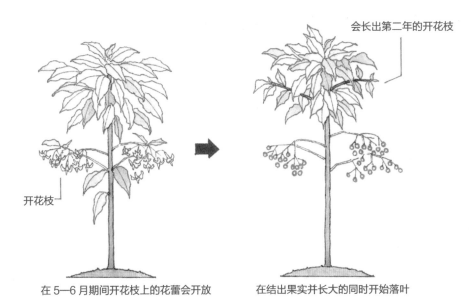

会长出第二年的开花枝

开花枝

在 5—6 月期间开花枝上的花蕾会开放

在结出果实并长大的同时开始落叶

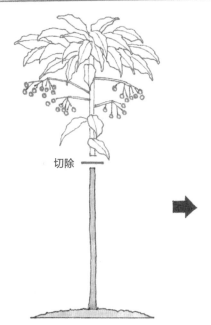

切除

树冠下部分叶子开始变黄脱落的植株，要重新打造株形

正长出不定芽，枝叶变得茂盛

柑橘

提起柑橘，其中最具有代表性的品种就是温州柑橘，它皮薄无核、味甜如蜜且容易剥皮、肉质柔软，糖度在12%以上，酸度大约1%，酸甜平衡刚好的口感让温州柑橘具有很高的人气。

○**种植时期**——2月下旬至4月是种植的适宜期。将枝条进行疏枝修剪后栽植，栽植时一定要进行土台栽植。

○**较适宜的种植场所**——选择光照条件以及排水良好的地点。

○**施肥的方法**——2月可使用堆肥，6月和9月可使用混有骨粉的油渣进行施肥。

○**修剪的技巧**——3月上旬可以进行修枝。打造自然开心形的植株骨架是修枝时的重点。

最初的3—4年主要以枝条培育为主

柑橘的生长较为缓慢，因此在苗木种植后的3—4年中避免对枝条进行修剪。枝叶中含有树木生长的养分，因此尽量不要减少枝叶的数量。

如果过早地对植株进行修剪，植株会很难生长丰满。

○**柑橘适合的树形**如果放任柑橘自然生长，在地茎附近会有较粗枝干交叉生长的现象。这样会让冠层内部空间较难受到阳光照射，出现枯枝等。

因此，在柑橘的幼苗期应打造主枝，形成主枝、次主枝、侧枝的植株骨架，整体上打造自然开心形的基本株形。

○**植株的修形方法**随着植株的生长，柑橘的枝条会呈现出下垂状。与水平状生长的枝梢相比，下垂状生长的枝梢的生长速度会逐渐变慢。枝条的根部附近会有长势旺盛的枝条萌发出来。可以通过培育这类枝条的生长，打造柑橘植株整体的株形。

结果母枝应该是节间较短，并在6月就停止生长的春枝

柑橘在1年中会有3次生枝。从4月中上旬开始生长，6月中上旬停止生长的叫作春枝；从8月开始生长的叫作夏枝；在夏枝的梢头部分发芽，生长到10月的叫作秋枝。能够长成结果母枝（附着次年花芽的枝条）的是10cm左右，在节间上长出的春枝。

○**夏枝和秋枝的修剪**夏枝的生长很旺盛，因此在幼木期培育的时候，夏枝可以作为柑橘植株的骨架，用来打造整体树形。

秋枝较为细长并且秋季树木长势也较弱，因此秋枝基本没有作用。可以在秋枝的1/2处对其进行回缩修剪。

需要注意的是，能够长成结果母枝的春枝在梢头部分或者附近会有结果枝萌发，如果在中间部分对其进行修剪，就会导致柑橘不能结果。

● 徒长枝和树形的修剪 ●

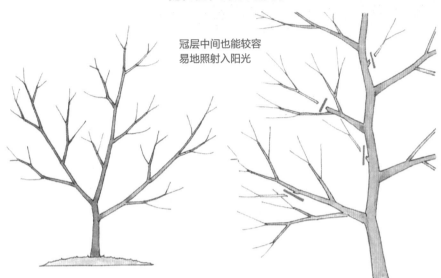

冠层中间也能较容
易地照射入阳光

以枝条的疏枝修剪为重点

通过3根主枝打造自然开心形,能够让植株
整体得到更好的光照,使花芽更好地附着

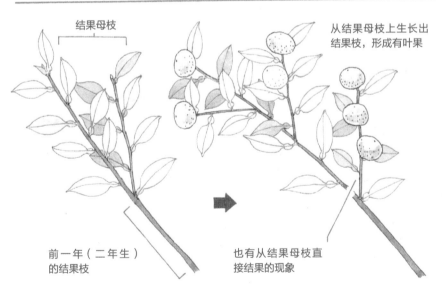

结果母枝

从结果母枝上生长出
结果枝,形成有叶果

前一年(二年生)
的结果枝

10—20cm 的较短春枝生长
得较为茂盛

也有从结果母枝直
接结果的现象

从结果母枝上生长出结果枝并开花结果

木槿

木槿是盛夏开花植物中的代表性花木。与芙蓉相似，在夏季炎热的一天中花朵会呈现出白色、桃红色、紫红色等色彩变化。虽然木槿的花朵会在清晨绽放、傍晚闭合，但是这种花朵开放闭合的睡眠运动能够反复持续2—3天。另外，木槿的品种之一白花木槿也被称作夏季的山茶花。

○**种植时期** —— 3月是适宜期。如果是排水不良的地点，可在树穴中填入堆肥和腐叶土。

○**较适宜的种植场所** —— 只要能确保光照条件以及排水良好，木槿对土质没有严格的要求。

○**施肥的方法** —— 2月可以使用堆肥，9月上旬可使用油渣与复合肥料混合后的肥料进行施肥。

○**修剪的技巧** —— 在每年的落叶期对徒长枝进行修剪，对于生长过密部分的枝条进行疏枝修剪即可。

幼苗期的木槿要避免修剪，应让枝叶充分生长

木槿在幼苗培育期避免植株枝叶的减少，保证苗木充分的长势对于木槿来说非常重要。但是，在植株根部会有较多的根蘖萌发出来，要逐棵去除。

木槿的枝条较细，柔软呈笤帚状，生长茂盛。当植株达到预期的生长高度时，就必须在每年的落叶期对其进行修剪作业。

想要增加苗木的细枝，当年就要进行剪枝

在木槿的植株够高，但枝条很少的时候，可以在秋季的落叶期保留当年生枝的3—4个芽处，进行回缩修剪。在第二年的春天就会萌发出大量新的细枝。在新枝的叶腋处萌发的花芽（花蕾）就会从树冠下部到树冠上部有序地开放。

不想让树冠变得过大，要进行重度修枝

根据种植空间的大小，会出现树冠生长过大的情况。针对这样的植株，可以连同二年生枝一并进行重度回缩修剪。

修剪应在落叶期内进行。在保留一年生枝的同时，将其余的枝条进行重度修剪。当然，修剪是要在考虑整体树形的前提下进行的，即使将影响株形的较粗枝条修剪掉，也不会影响木槿的生长。

进入3月下旬，在切口附近会有3—4个长势旺盛的新枝萌发出来，这样的枝条对植株冠幅生长起到维持的作用。对于生长过密的部分可以进行疏枝作业，主要目的是让细小枝条能够均匀地布满植株。

白花木槿

● 修剪的重点 ●

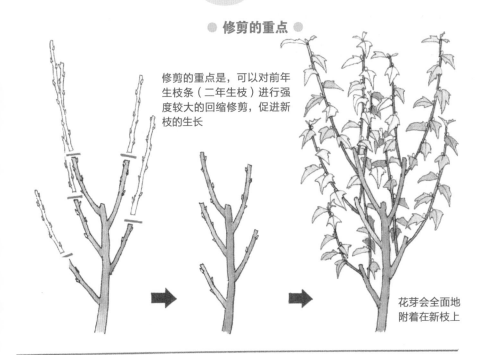

修剪的重点是，可以对前年生枝条（二年生枝）进行强度较大的回缩修剪，促进新枝的生长

花芽会全面地附着在新枝上

自然形的株形

基本树形的打造

根枝和植株根系部分附近的枝条要进行去除

应将树冠下部的枝条全部去除，每年要增加细小枝条的量

197

桂花

秋分过后，从庭院内部空间到庭院外的步行空间会有桂花甜蜜的芳香飘散在空气中，与春季的瑞香一样，桂花也是非常有人气的花木。桂花的枝叶生长茂盛，属于耐修剪花木，因此在相对较小的庭院空间中也能体验到种植的乐趣，这也是桂花的魅力所在。

○**种植时期**—— 气温变暖的 4—5 月或者 9—10 月是种植的适宜期。

○**较适宜的种植场所**—— 选择光照良好、排水良好的环境，如果种植在通风不良的环境中，容易引起病虫害的发生。

○**施肥的方法**—— 可以在 1—2 月使用油渣和复合肥料按等量比例混合后进行施肥。

○**修剪的技巧**—— 每年进行一次整体株形的打理，对新枝不要进行回缩修剪。

桂花有金桂和银桂之分

我们所说的桂花原本指的是花呈白色的银桂。但是，作为庭院树木，被大家广泛种植的开橘黄色花朵的金桂更多地被认为是桂花。

在花期以外分辨金桂和银桂的方法是看植株的叶缘。叶缘处呈锯齿状（叶子的边缘有切痕）的是银桂，叶缘处呈平滑状的是金桂。

花芽多长在春季生长的新枝上，所以要在秋季进行修枝

桂花花芽在 8 月上旬会进行分化，9 月会进入花期。因此，桂花是从花芽分化到开花所用时间最短的花木。

桂花的花芽和柊树类似，会在茂盛的新枝叶腋处密生且束状附着。因此，原则上不能对新枝进行修剪。

○ **修剪的时期和方法**如果想要享受到桂花芬芳的花香，修剪要在花期结束后的秋季进行，并且在 11 月之前结束。如果夏季进行修剪，会容易出现枯枝。如果秋季没来得及进行修剪，可以在春季枝条发芽之前进行修剪。

桂花的主干呈笔直状，枝条有包围着主干茂盛地生长的特性。因此更多的时候桂花被打造成圆筒形，可根据种植空间的大小对树冠进行相应的修剪。

另外，如果出现徒长枝或者直立枝，修剪的技巧是将这样的枝条在株形的轮廓线以内的位置进行回缩修剪。

● 修剪的重点 ●

自然形

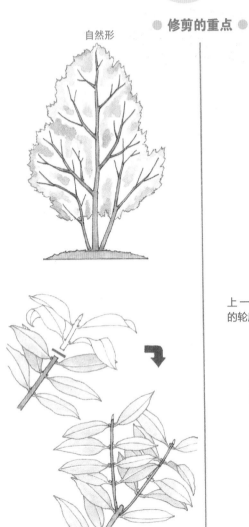

圆筒形

上一次修剪
的轮廓线

打造自然形株形的时候，花期结束后在保留
2—3 节处进行修剪

每年修剪的轮廓线，在比之前一次修剪的轮
廓线稍靠内侧的位置进行冠形的修剪。修剪
在花期结束后较为适宜

如果光照持续不足，夏季会落叶

　　梅雨过后，新枝的叶子会突然脱落。这样的病状大多是虫害引起的，但是春季持续的雨天
或者阴天也很容易引起这种落叶的现象。

　　在落叶之后，虽然还会有新枝萌发，但是因为新枝过于柔软，所以枝条上不会有花芽附着。

木兰

木兰暗紫色的花朵呈筒状开放，因此也被称为紫玉兰。与开白色花朵的大乔木白玉兰相比，紫玉兰的植株呈丛生状。将株高打造为 2m 左右，即使是小型庭院，也能够体验到欣赏花朵的乐趣。

○**种植时期**——2 月下旬至 3 月上旬，或者 11 月中旬至 12 月中旬是种植的适宜期。

○**较适宜的种植场所**——光照条件较好，肥沃的湿润环境较为适宜栽植。栽植时避开干燥的环境。

○**施肥的方法**——冬肥可使用堆肥或者鸡粪，9 月可使用油渣与复合肥料的混合物。

○**修剪的技巧**——可以通过老枝、弱枝、枯枝的修剪进行树形的整理。

在叶子萌发之前会绽开出奇特的花朵

紫玉兰的花期比白玉兰要晚，4 月之后紫玉兰的花朵会一起开放。花瓣呈六瓣，外侧呈暗紫色，内侧呈淡紫色。花瓣的长度 10cm 左右，花冠呈钟形。椭圆形的花蕾会突然之间绽放，能够听到轻微"嘭"的一声，也是传达给我们春天到来的信息。

○ **小型的狭萼辛夷**紫玉兰的另外一个变种是狭萼辛夷。花形与紫玉兰十分相似。狭萼辛夷的枝条较细，花瓣较小，7cm 左右，呈细长状，因此也被称作公主玉兰。

在女性爱好者当中，喜欢狭萼辛夷的人数也非常多。

成年树在春季修枝，若龄树在秋季修枝

紫玉兰的株形呈自然形，一般来说，打造主干为 3—5 枝的丛生状株形，整体株形会给人以整齐、舒畅的感觉。因此，在植株的根部出现的根蘖，应当尽早去除。

○ **成年树的修形**花期结束之后很快会有新枝开始生长。对于不想让其生长太高的植株，可以对主干上生长的新枝进行修剪。另外，也要对树冠上横向生长的枝条进行回缩修剪。

这样的修剪作业如果错过时期，植株会随着新枝的生长越长越高。如果此时重新对新枝进行修剪，就会损失掉枝条上附着的花芽。

○ **若龄树的修形**花期结束后生长的新枝在夏季会停止生长。入秋之后就能很清楚地分辨出枝条上附着的花芽。

如果发现影响美观的直立枝或者徒长枝，虽然可以在落叶后进行修剪，但是需要注意的是，修剪的时候一定要在枝条的根部对其进行修剪，如果剪切口在枝条中间部分，就会影响株形整体的美观。

紫玉兰的整姿修形主要是对老旧枝条、病弱枝条或者枯枝进行修剪。避免对植株整体进行重度修剪。

● 徒长枝和树形的修剪 ●

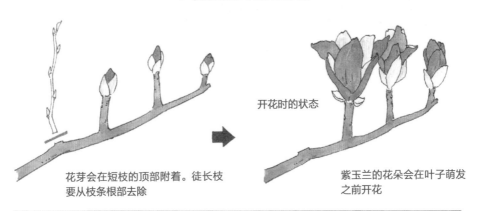

开花时的状态

花芽会在短枝的顶部附着。徒长枝要从枝条根部去除

紫玉兰的花朵会在叶子萌发之前开花

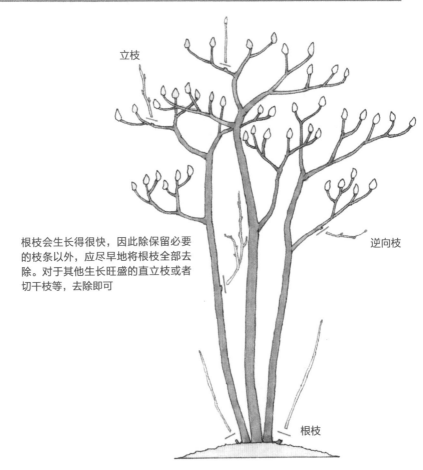

立枝

逆向枝

根枝会生长得很快，因此除保留必要的枝条以外，应尽早地将根枝全部去除。对于其他生长旺盛的直立枝或者切干枝等，去除即可

根枝

厚皮香（山茶科）

厚皮香的叶片带有山茶科所特有的暗绿色光泽，十分好看，且四季不变的株形更是让厚皮香富有独特的魅力。厚皮香为雌雄异株，雌株结出的果实呈球状，能够吸引鸟类过来觅食。人们利用厚皮香的这一特点，能够打造出一个趣味盎然的庭院空间。

○**种植时期**——4月下旬至5月上旬，9—10月是种植的适宜期。

○**较适宜的种植场所**——虽然在阴凉处也能生长良好，但是光照条件良好、土质略黏的湿润环境是种植的最佳场所。

○**施肥的方法**——可以在2月左右使用堆肥和腐叶土作为冬肥，撒在植株周围进行施肥。

○**修剪的技巧**——6—7月可以对枝条的梢头部分进行回缩修剪，借以增加次年新生细枝的数量。

在树高达到2m之前，可让植株自由生长

在厚皮香的苗木种植之后，最初应让枝叶自由地生长。初期枝梢会朝向上方生长，随着树龄的增长，成年厚皮香的枝条会自然地向四周舒展开来。

在这一时期内，不需要对其进行特定的整形、修剪等作业，以让枝叶充分地生长为主。

基本树形要在秋季修整

当植株生长超过2m时，可以对其进行基本树形的打造。首先通过修枝作业确定主枝的分布及数量，其次将多余的短枝从根部修剪掉。

基本树形修整好之后，可以通过每年对枝梢修剪一次，达到调整冠形的目的。

剪枝要在6—7月进行

在光照条件越好的环境中，厚皮香枝叶的生长就越茂盛。因此，应注意进行疏枝修剪，保证能够有充足的阳光照射到植株冠层内部。

5月左右枝条上会有新芽开始生长，在6—7月期间可以进行相应的整形修剪。

修剪时应注意保持植株整体的疏枝修剪和枝梢部分的修剪相协调。厚皮香的枝条有朝上生长的特性，因此修剪时应特别注意直立枝和缠绕枝的情况，同时也应尽量打造整体横向生长的枝条长势。如果冠层内部光照不足，很容易出现枯枝，这样好不容易打造的株形就被破坏了。

○ **枝梢部分修剪的技巧**根据树木的长势以及枝叶的生长状态，对枝梢部分修剪的时候主要有以下方法。

4—5根新枝同时生长会形成轮生枝，因此要保留2—3根，修剪掉其他的新枝。如果想促进部分枝条生长，可以只对该处的二年生枝进行摘叶作业。

● 树形的打造和枝梢的修剪 ●

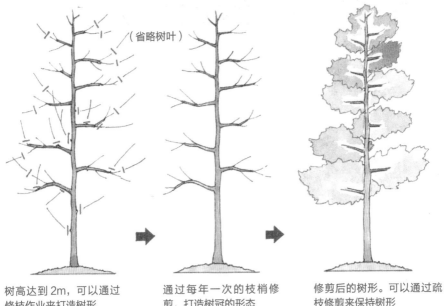

（省略树叶）

树高达到 2m，可以通过修枝作业来打造树形

通过每年一次的枝梢修剪，打造树冠的形态

修剪后的树形。可以通过疏枝修剪来保持树形

枝梢的修剪

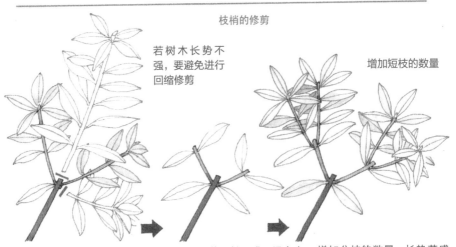

若树木长势不强，要避免进行回缩修剪

增加短枝的数量

过多的新枝会呈车轮状生长，因此仅保留 2—3 根新枝即可

若树木长势足够旺盛，强度略大的回缩修剪也没有问题

增加分枝的数量，长势茂盛的树冠会让树形显得很精美

如果不想让枝条生长，可以连同二年生枝一并进行回缩修剪。

另外，长势不强的植株，仅进行不定芽的去除即可，同时对植株要注意追加足够的肥料。

八角金盘

八角金盘四季常青，叶片硕大，叶形优美，掌状的叶片，裂叶约 8 片，看似有 8 个角，形似羽扇。因此，八角金盘也被称作八金盘、八手、手树。因其有"八方来财、聚四方才气"的寓意，所以在园林中常种植于假山边上或大树旁边，还能作为观叶植物用于室内、厅堂及会场陈设。另外，也有利用八角金盘耐阴的特性，将其种植在半阴处。

○**种植时期** ——气候温暖的 5 月是种植的适宜期。在温暖地区 3 月下旬也能够进行栽植。

○**较适宜的种植场所** —— 腐殖质丰富、湿度较高的环境最适合八角金盘的生长。在半阴处种植会让植株主干生长得过长。

○**施肥的方法** —— 2—3 月期间使用少量的油渣和骨粉进行施肥，即可给植株提供足够的养分。

○**修剪的技巧** —— 对老旧枝条进行修剪，让新枝更新，尽量避免让植株生长得过高。

在树形变得不美观之前进行修枝，以便长出新枝

随着八角金盘主干的生长，在植株的顶芽上会长出新叶。因此，在枝梢部分一直会有新叶萌发，同时因为八角金盘的生长力旺盛，如果不对其进行相应修剪，树冠会越长越高。在枝干部分的树叶脱落之后，植株的下层空间会显得过于稀疏，影响整体株形的美观。

对于生长过高的植株，可以在梅雨季节在植株的枝干萌发侧芽的地方进行回缩修剪。如果任其生长，一直不进行养护管理，主干会木质化，那样的植株即使进行回缩修剪，也不会有新芽萌发。

在梅雨季节对八角金盘进行回缩修剪，会使其容易萌发新芽。因此，可以放心地对长势凌乱的植株进行符合该空间大小的株形修整。

另外，幼苗期的八角金盘在其地茎处附近也会有根蘖萌发出来。因此，也可以将长势过旺的枝干从根部直接去除，借此促进植株的更新演替。但是，如果植株的树龄过老，就不会长出根蘖。因此，应尽早地对八角金盘进行植株的养护、管理作业。

打造出小片叶子的技巧

在八角金盘的苗木期，即使很小的叶子，也会随着植株的生长变成硕大的叶片。因此，整个植株经常在不知不觉中枝叶过于浓密。出现这种情况的时候，就要将八角金盘的叶子进行小型化处理。

在 11 月下旬至次年 2 月期间，可以保留顶芽附近的 2—3 个叶片，将枝条下部的叶片全部去除。通过减少叶片的数量抑制植株的生长，可以使萌发出的叶片变小，形成较为雅致的株形。这种修剪方法对较矮的植株效果尤其明显。

◉ 打造精美株形的技巧 ◉

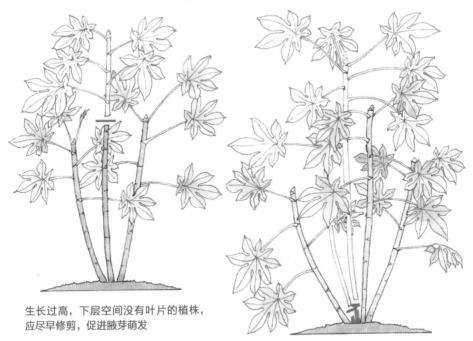

生长过高,下层空间没有叶片的植株,
应尽早修剪,促进腋芽萌发

由于放任不管变得杂乱无章的植株,通过对无用
的枝干进行梳理修剪,打造整体株形

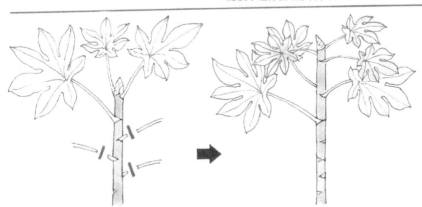

如果是在不想让叶子生长过大的小型庭院
中,可以将枝条下部的叶片去除

在顶芽上会有新叶开始生长,小型化
的叶片会让整体株形显得精致典雅

　　另外,八角金盘的枝干数量控制在 3—5 根,整体视觉上会给人更舒适的感觉。冬季将老旧
的叶片进行修剪,枝干数量也可以结合空间的大小进行增减,打造明亮通透的庭院空间。

棣棠

棣棠是落叶灌木，丛生状生长，在二年生枝上会有无数金黄色的花绽放。虽然花色不是特别鲜艳，但是能与日式风格的庭院氛围相协调。花朵呈五裂，随微风飘落，别有一番风情。目前重瓣棣棠的栽植也较为多见。

○**种植时期**——3月左右，新芽萌发前的时期，栽成花丛、花篱等的情况较为多见。

○**较适宜的种植场所**——半阴环境或者光照条件较好的环境较适合棣棠的生长。避免栽植在干燥的环境中。

○**施肥的方法**——2月左右可使用少量混有油渣的肥料进行施肥。避免施肥量过多。

○**修剪的技巧**——如果将枝梢部进行修剪，会失去棣棠自然的韵味。因此，应以老枝的疏枝修剪为主。

如果施肥过度，会影响开花

对于大部分的花木来说，日照和肥料的不足会造成植株难以开花，虽然棣棠在半阴环境中能良好地开花，但是给予棣棠过多肥料，会造成植株生长旺盛，出现难以开花的情况。可能很多爱好者会疑惑不解，但这也许就是大自然赋予棣棠本身的一个自然属性。

另外，出现在地茎周边类似根蘖的弱枝频繁生长，主要是由于土壤肥料不足引起的。可以在早春季节，使用油渣或者复合肥料，混入植株周围的浅土层。

小苗不需要太多的修剪管理

苗木种植2—3年，不需要对植株进行特定的修剪。即使放任植株生长，也能形成棣棠自然的株形，欣赏到棣棠带来的自然野趣。

如果草率地对其进行修剪，会失去棣棠植株本身自然雅致的风趣，破坏了好不容易培育出的株形。

如何打造更适合观赏的树高

想要打造棣棠植株的自然形，株高一般控制在2m左右，在面积较大的庭院中比较适合从远处观赏。但是在一般的居家庭院中，株高通常控制在1m左右。

在打造较低的植株时，首先，将3年以上的老枝从根部去除。二年生枝和一年生枝在保留80cm左右的地方进行回缩修剪。一般在落叶后进行修剪作业，因为这一时期能够更清楚地看到各个枝条的长势。修剪时尽量不要破坏棣棠枝条优美柔和的视觉感。

影响树形的粗枝要进行修剪

如果棣棠的植株生长过大，会使株形变得凌乱，并且出现枯枝、花芽难以附着以及弱小枝条增加等情况。

● 较大枝条的修剪 ●

徒长枝上不会有
花芽附着，因此
应将其去除掉

3年以上的老枝

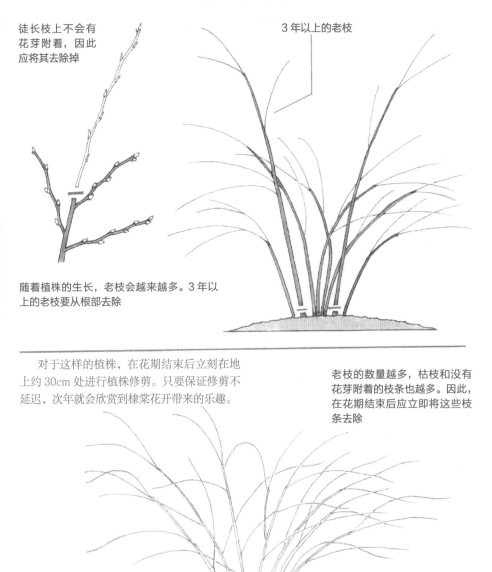

随着植株的生长，老枝会越来越多。3年以
上的老枝要从根部去除

对于这样的植株，在花期结束后立刻在地
上约30cm处进行植株修剪。只要保证修剪不
延迟，次年就会欣赏到棣棠花开带来的乐趣。

老枝的数量越多，枯枝和没有
花芽附着的枝条也越多。因此，
在花期结束后应立即将这些枝
条去除

修剪整齐

30cm 左右

会有新的枝条生长出来，让植株重新焕发
生气，第二年春天枝条上也会有花芽附着

杨梅

原产温带、亚热带湿润气候的山坡或山谷中杨梅属小乔木，又称圣生梅、白蒂梅、树梅，具有很高的食用价值，果实呈球状，果核坚硬。李时珍在《本草纲目》中说"其形如水杨子，而味似梅子"，所以称为杨梅。

○**种植时期** —— 4月下旬至5月是种植的适宜期。在温暖地区也可以在9月进行秋季栽植。

○**较适宜的种植场所** —— 光照良好、排水良好的环境。树冠会向四周延展生长，因此种植时需要一定的生长空间。

○**施肥的方法** —— 只要土壤不是特别贫瘠，就不需要对其进行施肥。

○**修剪的技巧** —— 生长过长的枝条要进行修剪，在打造短枝的基础上进行树形修剪。

从梅雨季节开始到夏季能够观赏到枝头累累的硕果

杨梅主要生长在中国南部地区，属常绿性乔木。成熟的果实呈深紫色球状，直径大约2cm。杨梅枝繁叶茂，树冠圆整，初夏枝上又有红果累累，十分可爱。

当杨梅果实的颜色完全变成深红色或者紫红色时，用盐水浸泡之后可即食，也可自制成果酱，或者用来酿杨梅酒。无论是哪种食用方式，都有自家独特的味道。

要购买能开花的苗木

杨梅从幼木到结果木，需要很长时间的生长。在购买苗木时，一定要注意并确认好购买的是雌株苗木。因为，杨梅属于雌雄异株性乔木，雄株不会结出果实，并且雄株的枝叶会一直生长，导致枝叶过密，形成压抑的庭院空间感。

了解花芽的附着特性，修枝会更容易

一年生的杨梅新枝在7月中旬至8月上旬会有花芽开始分化。但如果枝条生长过长，则不会有花芽附着。了解杨梅花芽的这一附着特性，修枝就会更容易。

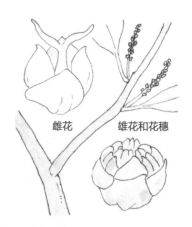

雌花　　　雄花和花穗

○**杨梅的修剪在2—3月进行**每年的早春，可将疑似徒长枝的枝条从根处进行去除，树冠上尽量打造以保留前一年开过花的短枝以及鳞痕芽为主的树冠结构。如果不修剪，导致植株过于老化，将造成新枝不萌发。

● 修剪的重点和开花的方式 ●

开花的方式

徒长枝上不会有
花芽附着

用短枝打造树冠整体的形状

徒长枝的修剪

花芽会在短枝上附着。第二
年春天会生出花穗

雌树上会附着雌花的花穗

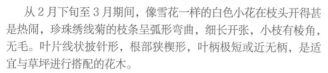

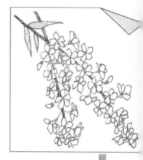

珍珠绣线菊

从 2 月下旬至 3 月期间，像雪花一样的白色小花在枝头开得甚是热闹，珍珠绣线菊的枝条呈弧形弯曲，细长开张，小枝有棱角，无毛。叶片线状披针形，根部狭楔形，叶柄极短或近无柄，是适宜与草坪进行搭配的花木。

○**种植时期** —— 2 月中旬至 3 月是种植的适宜期。温暖地区在 11—12 月期间也能够进行栽植。

○**较适宜的种植场所** —— 光照条件良好、腐殖质丰富的场所较为适宜。光照不足会引起枯枝。

○**施肥的方法** —— 在 2 月和 8 月期间可用油渣和骨粉进行施肥，比例为 7 ：3。

○**修剪的技巧** —— 确保树姿形态舒展的前提下，进行适当修剪。

选择错了种植地点，植株长势会越来越弱，渐渐枯萎

珍珠绣线菊原产华东，山东、陕西、辽宁等地均有栽培。日本的本州、四国、九州等地也有分布。珍珠绣线菊喜光，但不耐阴蔽，耐寒。喜生于湿润、排水良好的土壤，因此将其栽植在湿润的环境中最为合适。

在公园绿地中经常能看到珍珠绣线菊，但种植在林下空间的珍珠绣线菊会随着树龄的增加，新枝的生长会越来越差。三年生的植株甚至开始出现枯萎。

珍珠绣线菊作为绿篱进行列植的时候，虽然能欣赏到它精美的花姿，但是如果在稍微大一点的庭院空间以孤植的形式种植，将其培育成大型植株也是很漂亮的。

修剪时需要注意，花芽也能在徒长枝上附着

珍珠绣线菊的花芽会在一年生枝的叶腋处开始分化，在次年春天萌发。开花时雪白色花朵会一起开放。另外，在徒长枝上也会有花芽附着的情况，这是珍珠绣线菊和其他庭院树木不同的地方，因此要区别对待。

○**开花后修剪的技巧** 在花期结束后，应立即对生长过长的枝条进行回缩修剪。为了能够打造垂枝柔美的形态，修剪时要注意在保留枝条内芽的基础上进行相应修剪。修剪时要将老旧枝条或者枯枝从根部进行修剪。

修剪时避免使用修枝剪，尽量使用普通的剪枝剪深入冠层中进行枝条修剪。需要注意的是，均匀地进行疏枝修剪能够打造出更精美的株形。

另外，需要注意的是，如果对珍珠绣线菊进行重度修剪，会造成新生枝条呈直立状生长的冠形，这样就失去其本身枝条柔美的味道。

● 花谢后的修剪技巧 ●

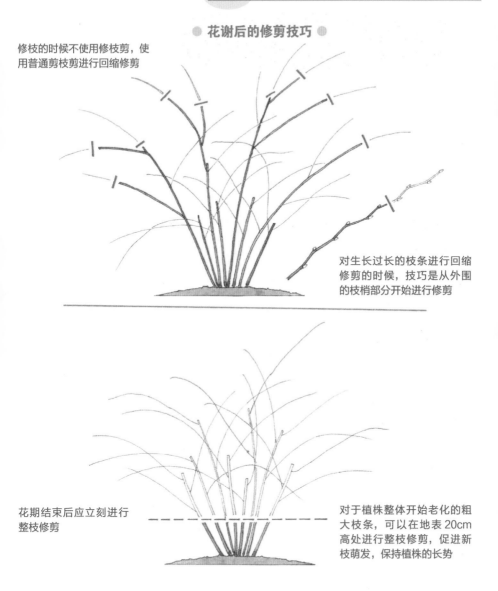

修枝的时候不使用修枝剪，使用普通剪枝剪进行回缩修剪

对生长过长的枝条进行回缩修剪的时候，技巧是从外围的枝梢部分开始进行修剪

花期结束后应立刻进行整枝修剪

对于植株整体开始老化的粗大枝条，可以在地表 20cm 高处进行整枝修剪，促进新枝萌发，保持植株的长势

4—5 年进行一次枝条的"返老还童"（复壮）

对于珍珠绣线菊来说，开花数量会随着树龄的增加而减少。出现这种情况，就有必要对其进行植株长势的恢复性修剪。

○**修剪的时期** 从花期结束后到 6 月这一时期，使用修枝剪在地表 20cm 左右高处进行植株整体修剪。不久会有新芽萌发，到了秋季就会形成长势旺盛的植株。并且花芽会在 9—10 月间进行分化，因此也能够欣赏到花开的乐趣。

日本柚子

柚子的用途十分广泛，从冬至的柚子浴到烹饪，以及新年的吉祥物品等很多方面，可以说柚子已经融入我们的生活之中。另外，日本柚子在小型庭院中也是能够良好生长的果树。作为柑橘的同属日本柚子的抗寒能力较强，因此在东北等降雪地带也能够进行栽培。

○**种植时期**——3月下旬至4月中旬是种植的适宜期。在温暖地区也可以在9—10月进行种植。

○**较适宜的种植场所**——选择光照、排水良好的地点，以及含有丰富腐殖质的土壤。

○**施肥的方法**——作为冬肥可以在2月进行一次施肥，另外，在10月可以追加一些磷酸含量较多的肥料。

○**修剪的技巧**——要确保有充足的阳光能够射入冠层中，可以打造自然开心形的树形。

树根生长在浅土层，在种植的时候要施足肥料

日本柚子不仅耐低温能力较强，对于干燥和潮湿的抵抗能力也很强。因此，在一般家庭的院落中是很容易培育的一种果树。

虽然日本柚子的苗木可以从种子开始进行种植，但是将其培育成能够在盆栽中欣赏其花姿叶色的植株并不是一件容易的事情。所以，一般来说都是在市场上购买日本柚子的果树苗。

日本柚子主要是以枸橘为砧木进行嫁接，因此根系部分细根较多。可以将其打造成较矮的株形，这样也能够让日本柚子适合在小型庭院中种植。

○**种植时的技巧**日本柚子的种植时期，应考虑从春分开始至4月中旬，因为这一时期的根系较容易生长。如果错过这一时期，也可以在新枝（春枝）停止生长的梅雨季节进行栽植。

栽植日本柚子时，树穴应挖得大一些，填入适当堆肥后覆盖一层间隔土。栽植的时候注意要将植株进行浅土栽植，种植深度以土层能够覆盖嫁接口处为宜。在根系发育完整之前，为避免土壤干燥，可用稻草等覆盖在植株周围。

注意树冠的疏密度，让阳光照射冠层中间能够促进花芽的附着

日本柚子的修剪与柑橘一样，可打造开心自然形的株形，而且必须保持冠层内部有足够的阳光照射。另外，更为重要的是，在日本柚子的苗木期就应当打造主枝横向生长的株形整体轮廓。

另外，如果植株的次主枝过多，会有很多枝条萌发形成树荫，因此要对其进行适当的疏枝修剪，保证阳光能够充足地照射到冠层中。

● 增加花芽附着率的重点 ●

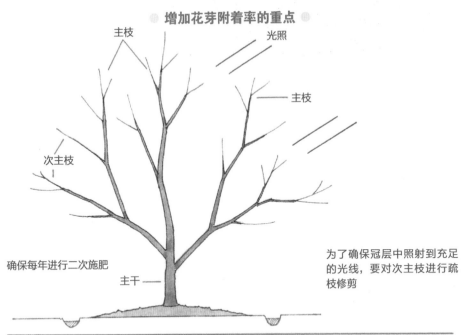

主枝

光照

主枝

次主枝

确保每年进行二次施肥

主干

为了确保冠层中照射到充足的光线，要对次主枝进行疏枝修剪

夏季的养护—管理—摘果

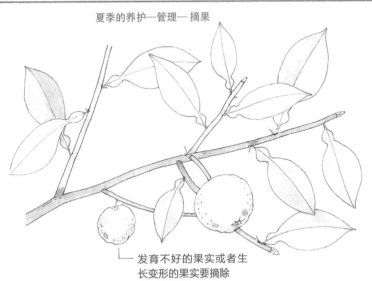

发育不好的果实或者生长变形的果实要摘除

为了能收获更好的果实，要适当进行摘果

一般来说，1个标准日本柚子的果实重量在100—120g。在11月的时候果实会变黄且成熟。7月中旬至8月中上旬，可以对长势不好的果实或形态不好的果实进行摘果作业。摘下的青果可以将其作为烹饪时的增香调味料。

毛樱桃

4—5月间会开出五裂的白色花瓣，6—7月在枝头就会结满光润可爱的红色果实。毛樱桃属于能观花观果的庭院树木。

○**种植时期** —— 2月下旬至3月末是种植的最佳时期。可进行土台式栽植。

○**较适宜的种植场所** —— 树木的长势强，较容易培育，光照条件良好、土壤肥沃最适合种植。

○**施肥的方法** —— 2月和8月，可使用油渣和骨粉比例7∶3的混合肥料进行施肥。

○**修剪的技巧** —— 1—2月对主干进行整理性修剪，生长过于茂密的小枝进行疏枝修剪即可。

最多培育3株主干

毛樱桃会从植株根部周围萌发根蘖，生长并形成丛生状的自然形态株形。作为庭院树木进行种植时，栽植的方式主要有两种，一种是打造单棵主干的栽植方式，另一种是打造多棵主干的丛生栽植方式。在打造丛生株形时至多保留3株主干，另外当植株周围出现细小根蘖时应尽早去除。

另外，需要注意的是，当毛樱桃枝干过于茂密，会造成枝干难以正常生长，导致花芽的附着率和植株的结果率大大降低。

植株在幼苗期基本不需要修剪

7月下旬至8月上旬，花芽会在春季生长出的新枝叶腋处进行分化，次年春季的4月下旬至5月上旬会开花。因此，在夏季以后一定避免对枝条进行修剪作业。

另外，值得庆幸的是，幼苗期的毛樱桃植株小枝条的数量不多，因此不需要对其进行太多的修剪。仅针对冠层内部的细枝（不会附着花芽的枝条）进行适当的修剪即可。

凌乱的枝干在落叶期进行修剪

随着植株的生长，株形会形成毛樱桃本身的韵味。同时，枝干也会变得十分凌乱。

当这种情况出现时，可以对生长过于茂密的部分以及多余的枝条进行修剪，打造成整齐、通透的株形。对于徒长枝，可在保留其1/3处进行回缩修剪。

修剪的时期，可以选在毛樱桃的落叶期。但是在北方的寒冷地区，因为小枝很容易出现枯萎的现象，所以北方地区应在开花前的3月左右进行修剪。

如果氮肥施得过多，会增强果实的酸味

当毛樱桃果实成熟的时候，可以体验品尝毛樱桃果实的乐趣。应当注意的是，为了能让毛樱桃结出良好的果实，施肥时要减少氮肥的使用量，可使用磷酸含量较多的肥料进行施肥。如果果实的颜色不好或者过酸，应及时更换肥料。

● 打造植株的自然形和花朵的附着方式 ●

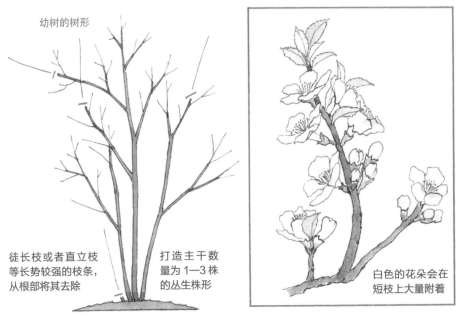

幼树的树形

徒长枝或者直立枝
等长势较强的枝条，
从根部将其去除

打造主干数
量为 1—3 株
的丛生株形

白色的花朵会在
短枝上大量附着

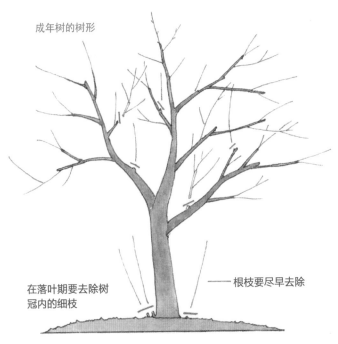

成年树的树形

在落叶期要去除树
冠内的细枝

根枝要尽早去除

丁香

在法国"丁香开花的时候"意指气候最好的时候。该花象征着"年轻人纯真无邪，初恋和谦逊"，这一寓意也给很多爱好者留下了深刻的印象。从 4 月下旬开始到初夏这一期间在新枝的梢头会有圆锥状花序的小花成群开放，并释放出迷人的芳香。一般来说丁香的花色呈淡紫色，也有白色、紫色等多样的色彩。

○**种植时期** —— 2 月下旬至 3 月，或者 11 月下旬至 12 月是种植的适宜期。

○**较适宜的种植场所** —— 选择光照良好的环境进行种植，但要避免夏季西晒的强烈光照。

○**施肥的方法** —— 花期结束后以及 8 月下旬，可使用油渣和骨粉的比例为 7：3 的肥料进行施肥。

○**修剪的技巧** —— 落叶后，确认枝条处花芽附着状况，对树冠内的无用枝条进行疏枝修剪。

苗木的修剪以对树冠内部的细枝进行疏枝修剪为主

丁香的花芽会在一年生枝的顶芽处或者顶芽下方的侧芽处分化，次年会开花。

在幼木期的修剪，可以在落叶后确认枝条上所附着花芽的同时，针对无用枝条以及树冠内的细枝进行疏枝修剪即可，不需要进行过度精细的修剪。

另外，对丁香的枝条进行修剪，原则上一定要从枝条的根部去除，避免在枝条中段部分进行修剪。

通过 2—3 年 1 次的重度修剪打造良好的树形

丁香植株的生命力较旺，而且花芽附着于枝梢，因此如果放任丁香自然生长，会造成花芽的附着位置逐年增高。对于已经固定好基本轮廓的株形来说，可以通过 2—3 年对枝梢进行一次重度修剪的方法，确保良好的树形。

修剪作业在花期结束后进行最为适宜。如果错过这一时期，新生枝条会长得更高。

如果在一根枝条上附着了过多花房，次年将不会欣赏到好看的丁香花

在光照较好的庭院中丁香的开花率会非常高，但是如果在一根枝条上有过多的花附着，次年开花的数量会急剧下降。

因此，对于临近花期的植株要仔细观察，发现疑似开花量过多的花枝，要对其进行疏枝修剪，修剪下的花枝作为插花使用也是非常不错的。这也是丁香养护、管理的方法之一。

● 摘蕾和花期后的修剪 ●

摘蕾的方法

通过 2—3 年进行一次强度较大的回缩修剪，翻新枝条长势

花柄

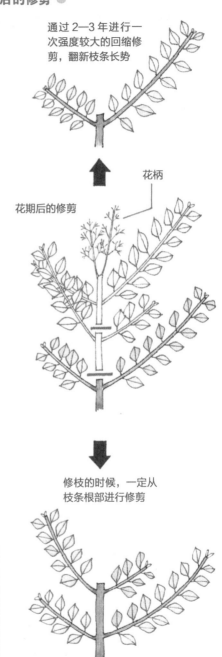

花房会渐渐变大，花后的新枝也会长势良好

花期后的修剪

如果不进行摘蕾，会长出很多花房

修枝的时候，一定从枝条根部进行修剪

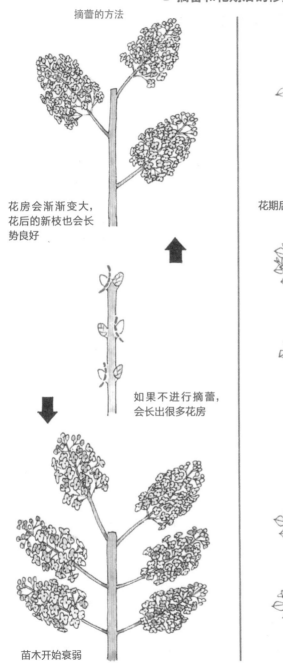

苗木开始衰弱

连翘

在连翘的种类中有一种花朵特别大的金叶朝鲜连翘，特别有人气。3—4 月在叶片萌发之前能够开出艳丽的黄色花朵，布满枝头给人眼前一亮的感觉。

○种植时期——11—12 月是种植的适宜期。春季栽植时，将树苗的枝叶修剪后进行栽植。

○较适宜的种植场所——选择光照、排水良好，腐殖质丰富的场所进行栽植。

○施肥的方法——2 月和 8 月进行两次施肥，使用油渣和骨粉比例为 7：3 的混合肥料进行施肥。

○修剪的技巧——花期结束后，利用新生枝代替四五年生的枯枝，进行枝条的更新即可。

向四周延展生长的枝条上面布满黄色的花朵

适宜于宅旁、亭阶、墙隅、篱下与路边配植，也宜于溪边、池畔、岩石旁、假山下栽种。因连翘根系发达，可作为花篱或护堤树栽植，用途十分广泛。

植株的长势以及花芽的附着率都十分出众。连翘花芽的萌发期会一直持续到夏季，因此次年的春天能够看到壮观的花开景色。

打造 1m 左右的半球形高度

一般来说，连翘主要是通过修剪来打造株形。

如果放任连翘自然生长，会从植株根部生长出过多的根枝，影响植株形态。因此对连翘的修枝、养护管理不能懈怠。

花期结束后是修剪的最佳时期。在高度 1m 左右的位置将植株修剪成半圆形。

修剪时需要注意，要将花序附着状况不好的老枝从根部修剪掉，并且注意重点培育新枝的生长。

在枝条变成老枝之前，4—5 年进行一次枝条的"返老还童"（复壮）

株形为自然形的庭院树木，树木的长势会被各个枝条所分散。因此越是老的枝条，花序的附着状况就越不好。

连翘同其他灌木一样，生长 4—5 年的植株需要在花期结束后进行重度修剪，促进枝条的更新演替。当然，修剪后很快就会萌发出新枝，即使新生枝条不会像每年一样开出茂盛的花朵，但是在夏季还是会有花芽分化，并且在次年春季开花。

另外，在进行重度修剪的当年一定要注意确保足够量的冬肥，这一点非常重要。

● 植株更新的方法 ●

在每年花期结束后，通过在株高 1m 左右的位置进行修剪来打造株形

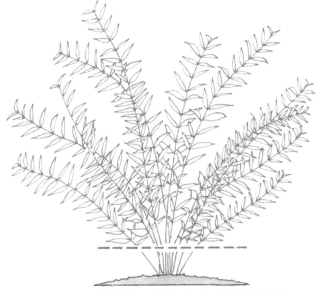

生长 4—5 年的植株，通过重度修剪，促进枝条的更新

7—8 月时的状态

花芽

开花前的状态

花蕾

腊梅

腊梅在百花凋零的隆冬绽蕾，斗寒傲霜，给人以美的享受。它便于庭院栽植，又适作古桩盆景和插花，是冬季赏花的理想名贵花木。花瓣直径2cm左右，黄色花序的中心呈暗紫色，这也是腊梅花的特性。另外腊梅的栽培变种磬口腊梅，色香形表现极佳，是十分有人气的腊梅品种。磬口腊梅，花瓣较圆，色深黄，按花心颜色分为荤心和素心两种，香气浓，花心紫色，又称"檀香梅"。

○**种植时期**——2月中旬至3月或者9月中旬至11月中旬是种植的适宜期。避免在严寒期种植。

○**较适宜的种植场所**——选择光照、排水良好，含有丰富腐殖质的肥沃土壤进行种植。

○**施肥的方法**——仅在苗木期进行施肥，2月和9月两次，使用油渣复合肥料进行施肥。

○**修剪的技巧**——秋季的落叶期对徒长枝和根蘖进行修剪，保证整体树姿的美观。

半透明状的花朵，犹如涂了蜜蜡一样散发着光泽，是冬季赏花的名贵花木

李时珍的《本草纲目》中记载："腊梅，释名黄梅花，此物非梅类，因其与梅同时，香又相近，色似蜜蜡，故得此名。"又有人认为"腊梅"开放在严寒的腊月（农历十二月），从时间上来说，称"腊梅"更有其意义，所以就写作为"腊梅"了。

山茶、水仙、迎春加上腊梅被称为"雪中四友"，作为冬季赏花的名贵花木，不畏严寒，能相携在雪中傲然绽放。

栽植时应考虑到腊梅不喜干燥环境这一特性

腊梅的根系生命力顽强，一旦生根，就很难将其移植。因此，苗木种植时就要十分注意。

种植时，首先要将树穴挖得略大，填入足够量的堆肥后覆上一层软土。虽然湿润松软的土壤中水分的含量会很高，不容易让其干燥，但是苗木种植后仍然要在植株周围覆盖上一层较厚的稻草或者枯草。

另外，腊梅是不容易移植的苗木，因此，一定要在考虑避免夏季强烈的西晒等问题后，慎重地对种植场所进行选择。

枝干的培育应在3株左右，这样能更好地打造出日式庭院风格

腊梅的生长较为缓慢。因此，即使苗木期放任其自然生长，基本上也不会长出徒长枝。在一定程度上能够保持自然状态的株形。

需要注意的是，腊梅植株周围会很频繁地萌发出根蘖，一旦发现应立刻去除。如果放任不管会造成其他枝干的长势变弱。

○**开花枝的修剪**腊梅主要是以自然形态的丛生为主，枝干的数量保持在3株左右能够给人更协

● 整形和修剪的重点 ●

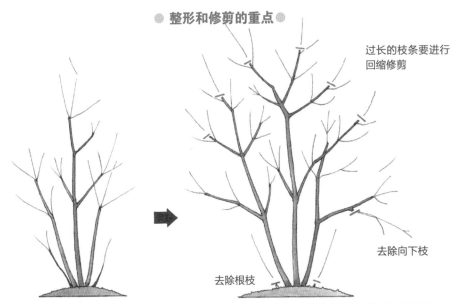

过长的枝条要进行
回缩修剪

去除向下枝

去除根枝

腊梅的生长较为缓慢，因此即使 10 年放任其
自然生长，树形也基本不会凌乱

在小型庭院中，3 株左右的主干数量会给人更协
调的视觉观感。另外，树高要控制在 2m 左右

树冠内的修剪

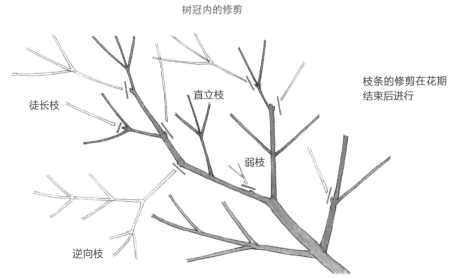

枝条的修剪在花期
结束后进行

徒长枝

直立枝

弱枝

逆向枝

调的视觉印象。

　即将开花的植株，可以将没有花芽附着的长枝进行回缩修剪，或者对切干枝等进行相应的
修枝作业。修枝的时期在 10 月下旬至 11 月上旬较为适宜。因为在这一时期能够清楚地辨别出
花芽是否在枝条上附着，避免修剪到附着有花芽的枝条。

有助于土壤改良的"天地翻转"（翻土）

在种植庭院树木之前要进行"天地翻转"（翻土）作业。其实就是将庭院空间中上层的土和下层的土进行位置交换。

上层的土壤、杂草等会生长茂盛，因此会有细菌或者害虫寄生在土壤里。另外，下层的土没有被影响，相对来说十分干净，这也更能安心地进行苗木种植。

另外，通过翻土作业，也会让空气进入土壤中。

在进行翻土作业时需要注意，尽量将土壤翻得深一些，并且可以掺入一些堆肥或者腐叶土，这样可以形成团粒结构的土壤，给苗木的成长创造良好条件。

移植后成活植株的养护

即使充分进行整根的植株，在移植后也要注意根系部分的生长状态是否良好。

○ **落叶树**随着 3—4 月气温的上升，新芽开始萌发，那么可以判定植株已经成活。

○ **常绿树**在移植后 1 个月左右，老叶会开始脱落。如果出现这种现象，可以判定植株已经成活。相反，老叶一直残留在枝头，说明植株的生长并不顺利。这么说可能会让人觉得诧异，老叶脱落主要由于新生根系已经开始产生吸水作用。

但是，新生根系的吸水能力还很弱，因此植株会减少自己的叶片，控制水分的蒸发。这是一种植物的自然生理现象。

"枝条异变"和"返祖现象"

枝条在生长过程中会在一部分枝条上出现与原有性状不同的情况。比如，原本长素色叶片的枝条上会长出有花纹的叶片；原本花为红色的花木开出白色花。这种现象被称作更换枝条（"枝条异变"），在植物学上称之为"芽变"。

对这种枝条，使用扦插、嫁接等繁殖方法增加数量，形成具有稳定性的新品种的案例也很多见。如果在日常生活中仔细观察庭院中的树木，也许偶尔会有很宝贵的发现。

另外，会有芽变的品种，在栽培过程中出现和母株相同的性状，这种现象叫作"返祖现象"。